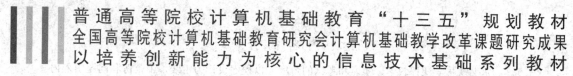

普通高等院校计算机基础教育"十三五"规划教材
全国高等院校计算机基础教育研究会计算机基础教学改革课题研究成果
以培养创新能力为核心的信息技术基础系列教材

C语言程序设计
实验指导

C YUYAN CHENGXU SHEJI SHIYAN ZHIDAO

黄容　赵毅　潘勇　编著

U0316552

中国铁道出版社
CHINA RAILWAY PUBLISHING HOUSE

内 容 简 介

本书从指导课程教学、学习和考试的角度，以程序设计为主线，由范例和问题引入内容，由浅入深，使读者掌握程序设计的基本方法并逐步形成正确的程序设计思想，并能够使用 C 语言进行程序设计，具备调试程序的能力。

本书共由 10 个实验组成，主要介绍 C 语言集成开发环境、三种程序结构、数组、函数、指针、结构体和共用体、文件操作等内容。每个实验都精心选择了范例，通过分析问题、讲解编程思路、解析常用算法和完整源程序示例，使读者逐步掌握程序设计的全过程。最后附有 C 语言基本语法、ASCII 编码表供读者参考。

本书适合作为普通高等院校 C 语言程序设计课程的实验教材，也可作为计算机等级考试人员以及各种程序设计培训班学员的参考书。

图书在版编目（CIP）数据

C 语言程序设计实验指导/黄容，赵毅，潘勇编著.—北京：
中国铁道出版社，2018.1
普通高等院校计算机基础教育"十三五"规划教材
ISBN 978-7-113-23327-3

Ⅰ.①C… Ⅱ.①黄… ②赵… ③潘… Ⅲ.①C 语言-程序设计-高等学校-教学参考资料 Ⅳ.①TP312.8

中国版本图书馆 CIP 数据核字(2017) 第 191547 号

| 书 名： | C 语言程序设计实验指导 |
| 作 者： | 黄 容 赵 毅 潘 勇 编著 |

策 划：曹莉群	读者热线：（010）63550836
责任编辑：刘丽丽 李学敏	
封面设计：刘 颖	
责任校对：张玉华	
责任印制：郭向伟	

出版发行：中国铁道出版社（100054，北京市西城区右安门西街 8 号）

网　　址：http://www.tdpress.com/51eds/

印　　刷：三河市宏盛印务有限公司

版　　次：2018 年 1 月第 1 版　　2018 年 1 月第 1 次印刷

开　　本：787 mm×1 092 mm　1/16　印张：7.75　字数：178 千

印　　数：1～2 000 册

书　　号：ISBN 978-7-113-23327-3

定　　价：23.00 元

信息技术基础系列教材编委会

序 言

　　信息技术正在通过促进产品更新换代而带动产业升级，在我国经济转型发展中正发挥着基础性、关键性支撑作用。信息技术基础教材的编写需要体现新工科建设中对课程教学提出的新要求，体现现代工程教育的特点，适应新的培养要求。各专业的信息技术基础公共课程应将数字化思维、创新思维和创新能力培养作为课程教学的基本目标。

　　上海工程技术大学面向应用型工程人才的培养，组织编写一套以培养创新能力为核心的信息技术基础系列教材，以期为非计算机专业的大学生打下坚实的信息技术基础，提高其信息技术基础与专业知识结合的能力。本系列教材包括《计算机应用基础》、《C语言程序设计》《Python 程序设计》《Java 程序设计》《VB 程序设计》等。

　　教材具有以下特点：

　　（1）以地方工科院校本科机械、电子工程专业的计算机基础教育为主，兼顾汽车、轨道交通、材料科学与工程、化工、服装等专业的计算机基础教育的需求。

　　（2）基于案例驱动的教学模式。教材以案例为分析对象，通过对案例的分析和讨论以及对案例中处理事件基本方案的研究、评价，在案例发生的原有情境下提出改进思路和相应方案。以课程知识点为载体，进行工程思维训练。

　　（3）以问题为引导。教材选择来源于具体的工程实践的问题设置情境，以问题为对象，通过对问题的了解、探讨、研究和辩论，学会应用和获取知识，辨别和收集有效数据，系统地分析和解释问题，积极主动的去探究，引导和启发学生主动发现，寻求问题的各种解决方案，计算思维、工程思维能力。

　　（4）实验教材。按"基础实验→综合实验→开放实验→实践创新"四层循序递进，逐步提升学生的实践能力。

　　本套教材可作为地方工科院校本科生信息技术基础教材.也可供有关专业人员学习参考。

蒋宗礼

2017.11

>>> 前 言

C语言是一种编程灵活、特色鲜明的程序设计语言，是高等院校首选的计算机语言基础课程，学好这门编程语言可以为后续的面向对象的编程语言学习打好坚实的基础。C语言除了学习必要的基本语法、算法外，更重要的是进行实际操作训练，使学习者掌握程序设计的基本方法并逐步形成正确的程序设计思想，提高使用C语言进行程序设计的能力，并具备调试程序的能力。编者结合多年来的教学经验，根据学生的学习情况，为配合教学过程，使基于案例驱动的教学模式能在根本上促进学生有更大进步，特编写本书，以指导学生的上机操作。

本书由10个实验组成。每个实验都提供了精心选择的范例，通过分析问题、讲解编程思路、解析常用算法和完整源程序示例，使读者逐步掌握程序设计的全过程。

读者在实验前后应该完成以下四个部分的任务：

1. 明确实验目的

上机实验的目的，绝不仅仅是为了验证教材和讲课的内容，或者验证自己所编写的程序的正确与否。程序设计课程上机实验的目的是：

1）加深对讲授内容的理解，尤其是一些语法规定。通过实验来掌握语法规则是行之有效的方法。

2）熟悉所用的操作系统。

3）学会上机调试程序。通过反复编写程序、调试程序掌握根据出错信息修改程序的方法。

4）通过调试完善程序。

2. 做好实验前的准备工作

1）了解所用的计算机系统（包括C编译系统）的性能和使用方法。

2）复习和掌握与本实验有关的教学内容。

3）准备好上机所需的程序。

4）对程序中出现的问题应事先估计，对程序中自己有疑问的地方应先标记好，以便上机时注意这些问题并调试运行。

5）准备好调试程序和运行程序所需的数据。

3. 确定实验的步骤

上机实验应该力求独立完成实验。上机过程中出现的问题，除了系统的问题以外，不要轻易举手问老师。尤其对"出错信息"，应善于分析判断，找出出错的行，然后检查该行或其上一行。

4. 写好实验报告

实验报告应包括以下内容：

1）实验目的。

2）实验内容。

3）源程序代码。

4）运行结果。

5）对运行结果的分析，以及本次调试程序所取得的经验。

本书由上海工程技术大学电子电气学院计算中心黄容、赵毅、潘勇编著。在本书的撰写过程中，本校的陈强、王明衍、胡建鹏和方志军等对实验内容的选择与审定给予了很大的帮助，提出了非常宝贵的意见和建议，在此表示衷心的感谢。

本书是 2016 年全国高等院校计算机基础教育研究会计算机基础教学改革课题研究成果。

由于编者水平有限，时间仓促，书中的不足之处，恳请有关专家和读者批评指正。

编 者

2017年6月

目 录

实验一　　C语言集成开发环境

【实验目的】

1）熟悉 Visual Studio 2010 开发环境。

2）熟悉 Visual C++ 6.0 开发环境。

3）熟悉 Dev-C++开发环境。

4）掌握 C 语言程序的编辑、调试及运行的过程和方法。

5）熟悉集成开发环境中常见的错误信息提示。

【实验指导】

C 语言源程序可以在多种开发环境下编译运行，考虑到不同操作系统及不同版本的运行环境，本实验指导书介绍三种常用开发环境的使用方法，以供学者选择使用。

1.1　Visual Studio 2010 开发环境

Visual Studio 是微软公司推出的开发环境，是目前最流行的 Windows 平台应用程序开发环境。Visual Studio 2010（以下简称 VS 2010）版本于 2010 年上市，其集成开发环境（IDE）的界面被重新设计和组织，变得更加简单明了。VS 2010 同时带来了 NET Framework 4.0、Microsoft Visual Studio 2010 CTP（Community Technology Preview），并且支持开发面向 Windows 7 的应用程序。

VS 2010 里面不能单独编译一个.cpp 或者一个.c 文件，这些文件必须依赖于某一个项目，因此我们必须创建一个项目。有很多种方法都可以创建项目，可以通过菜单："文件"→"新建项目"；也可以通过工具栏单击新建项目进行创建。

1）第一步，打开 VS 2010。打开 VS 2010 后，显示 VS 2010 主界面。选择"新建项目"，如图 1.1 所示。

2）第二步，创建 Myfirst 项目。首先选中模板 Visual C++，然后选择 Win32 控制台应用程序，在名称文本框中输入需要创建的项目名称如："Myfirst"，在位置文本框中输入程序存放的位置如："D:\test"，单击"确定"按钮，如图 1.2 所示。

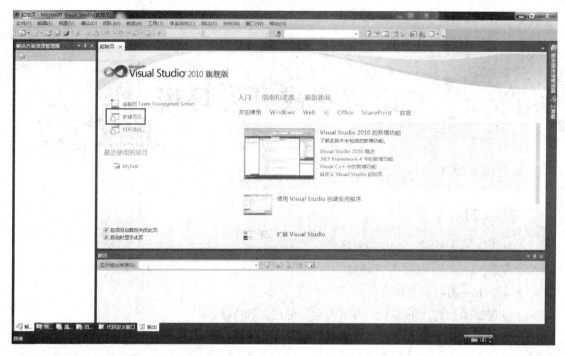

图　1.1

图　1.2

3）第三步，使用 Win32 应用程序向导创建空项目。单击"下一步"按钮，如图 1.3 所示。在附加选项中选中"空项目"，单击"完成"按钮，如图 1.4 所示。

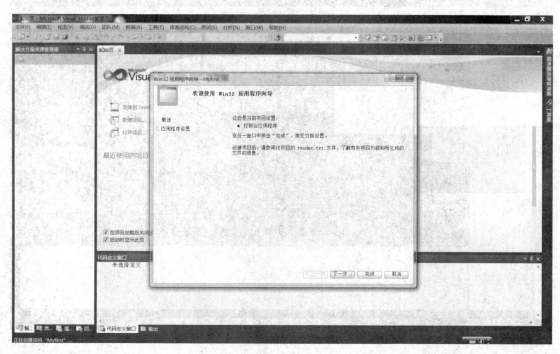

图 1.3

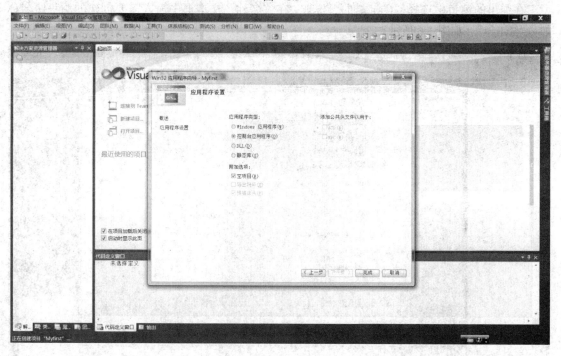

图 1.4

4）第四步，在项目中添加源文件。选择"源文件"→"添加"→"新建项"命令，如图 1.5 所示。

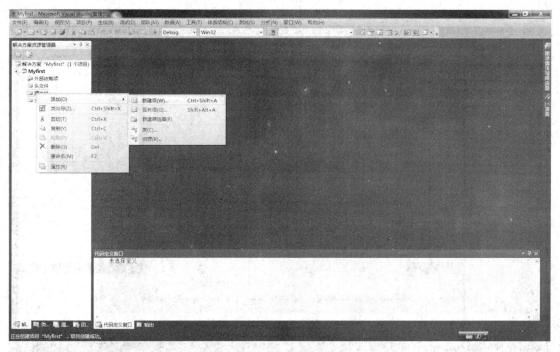

图 1.5

在弹出的窗口中选择"C++文件"选项，在"名称"文本框中输入需要创建的源程序名称如："Myfirst"，如图 1.6 所示。

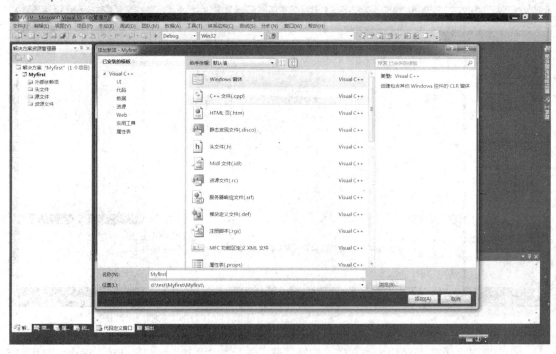

图 1.6

5）第五步，在源程序中编写代码。如图 1.7 所示，在程序编辑区编辑程序，通过"工具"

菜单中的"选项"命令，可以打开"选项"对话框，在其中可修改各种选项参数，如显示字体的大小等，如图 1.8 所示。

图　1.7

图　1.8

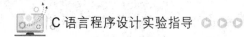

6）第六步，编译、连接和运行。选择"生成"菜单中"生成解决方案"命令，如图 1.9 所示。如果编译通过，输出窗口将显示成功的提示信息。

图 1.9

选择"调试"菜单中"开始执行"命令，如图 1.10 所示，系统开始执行程序代码。

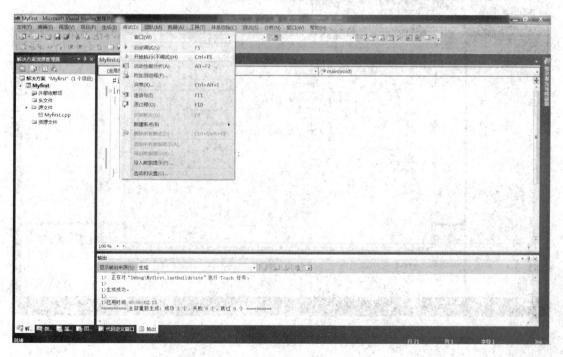

图 1.10

执行结果如图 1.11 所示。

图   1.11

注意：当要编写另一个 main()函数时，需要重新创建一个项目，因为一个项目中只能包含一个 main()函数。

7）简单调试程序。

在刚开始学习编程或编写较长的程序时，能够一次成功而不含有任何错误绝非易事，对于程序中的错误，系统提供了易用且有效的调试手段。调试是一个程序员最基本的技能。

图 1.12 所示的程序在执行"生成解决方案"后，输出窗口显示"成功 0 个，失败 1 个"。这说明程序存在错误，解决方法是查看输出窗口，移动输出窗口滚动条，找到源程序名（本例是 Myfirst）查看其下出现的第一个"error"是什么原因，（本例对应显示内容"printf()前面，漏了";"）根据提示，发现在第七行最后漏了";"。修改错误后，再次执行"生成解决方案"，如图 1.13 所示。

注意：在"error"行双击，光标会直接跳转到源程序出错附近。

8）一些调试技术。

① 断点设置。断点是调试器设置的一个代码位置。当程序运行到断点时，程序中断执行，回到调试器。调试时，只有设置了断点并使程序回到调试器，才能对程序进行在线调试。

② 设置断点的方法。首先把光标定位到需要设置断点的代码行上，然后按【F9】快捷键或者单击代码行前的红色圆点处，断点处所在的程序行的左侧会出现一个红色圆点。

注意：并非每一行都可以添加断点。只有可执行程序行才可设置断点。

单步跟踪按【F11】键进入子函数，每按一次【F11】键，程序执行一条无法再进行分解的程序行，如果涉及子函数，进入子函数内部；

C 语言程序设计实验指导

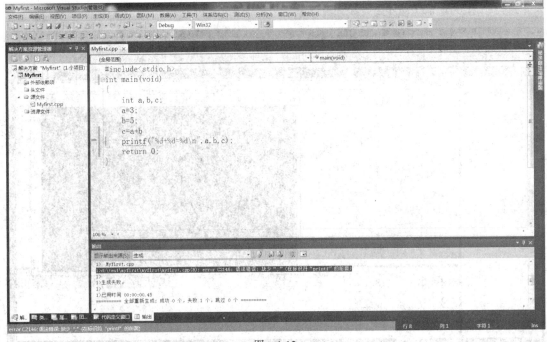

图 1.12

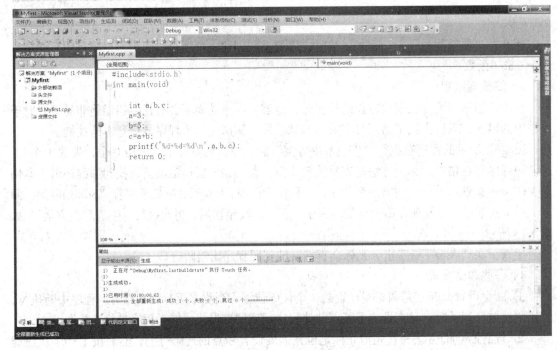

图 1.13

单步跟踪【F10】键跳过子函数，每按一次【F10】键，程序执行一行；Watch 窗口可以显示变量名及其当前值，在单步执行的过程中，可以在 Watch 窗口中加入所需观察的变量，辅助进行监视，随时了解变量当前的情况，如果涉及子函数，不进入子函数内部，如图 1.14所示。

　　注意：这些选项卡不仅仅可以用于查看，甚至可以临时修改它们的值，方法就是双击值，如图 1.15 所示。

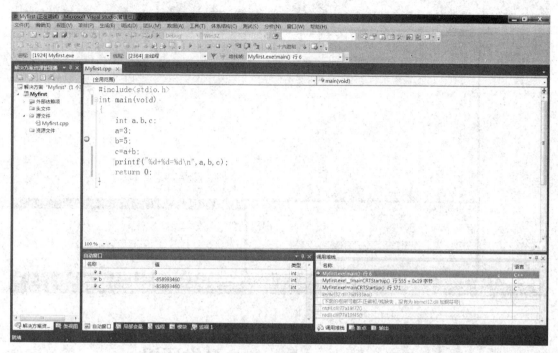

图　1.14

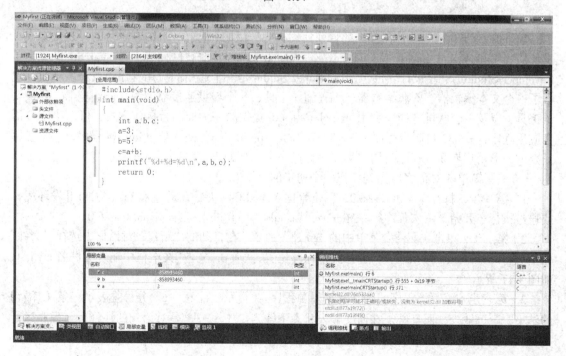

图　1.15

　　如图 1.16 所示，可以在"监视 1"窗口中输入要监视的变量，可直接查看该变量。

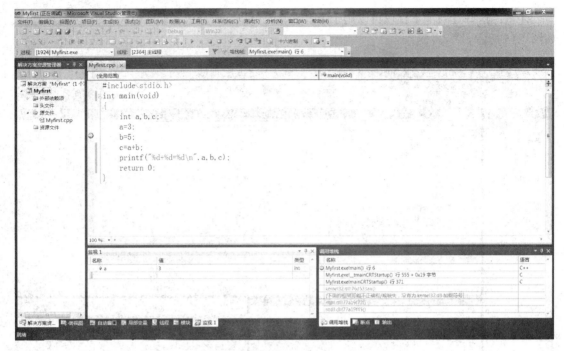

图　1.16

1.2　Visual C++ 6.0 开发环境

Visual C++ 6.0 是微软公司推出的目前使用极为广泛的、基于 Windows 平台的可视化集成开发环境，它和 Visual Basic、Visual Foxpro、Visual J++等其他软件构成了 Visual Studio（又名 Developer Studio）程序设计软件包。Developer Studio 是一个通用的应用程序集成开发环境，包含了一个文本编辑器、资源编辑器、工程编译工具、一个增量连接器、源代码浏览器、集成调试工具，以及一套联机文档。利用 Visual C++ 6.0 提供的一种控制台操作方式，可以建立 C 语言应用程序，Win32 控制台程序（Win32 Console Application）是一类 Windows 程序，它不使用复杂的图形用户界面，程序与用户交互是通过一个标准的正文窗口，下面我们将对使用 Visual C++ 6.0 编写简单的 C 语言应用程序作一个初步的介绍。

1）第一步，打开 Visual C++6.0。双击桌面 Visual C++快捷方式进入 Visual C++开发环境，或通过执行"开始"→"程序"→Microsoft Visual C++6.0 进入打开 Visual C++ 6.0。

2）第二步，单击"文件"菜单中的"新建"命令。在打开的"新建"对话框中选择"文件"标签。选择 C++ Source File 选项，选择文件保存位置，然后在"文件"文本框中输入文件名 myfirst，如图 1.17 所示。

3）第三步，编写源程序。输入和编辑源程序。（提示：注意"；"分号是表示一条 C 语句的结束，不可缺少，而且必须在西文输入状态下输入。/* ……*/是对语句的注释，与程序运行无关，可以不输入。）如图 1.18 所示。

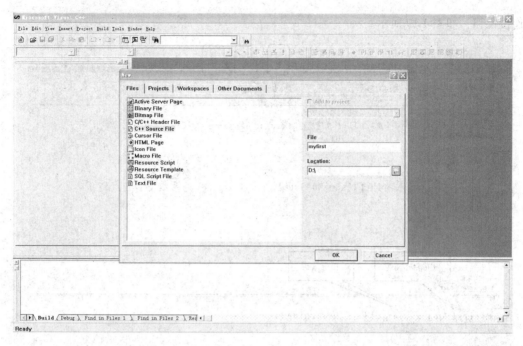

图　　1.17

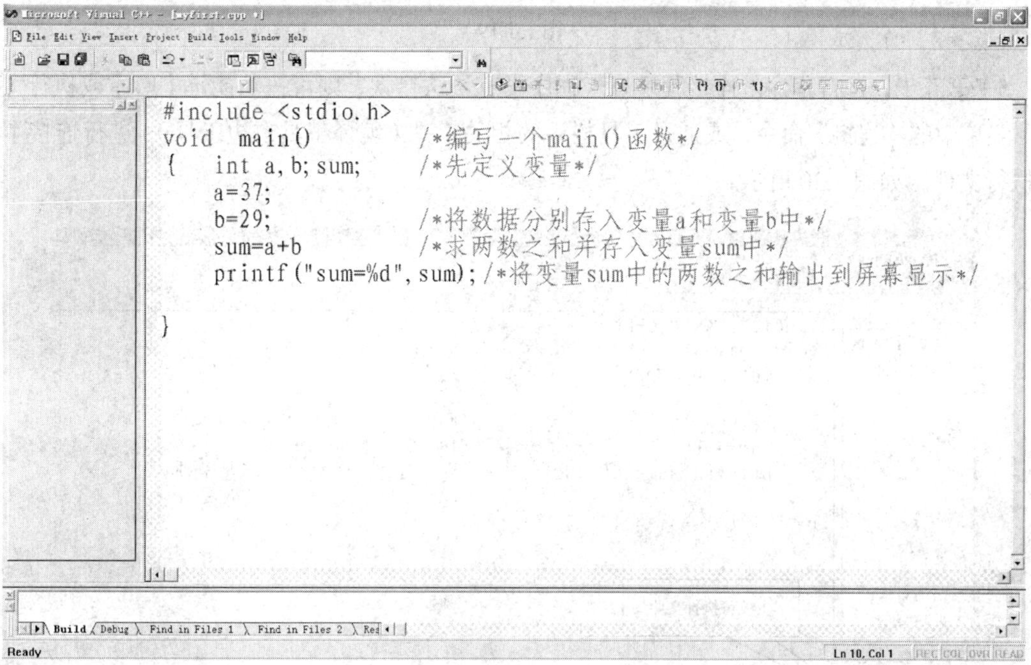

```
#include <stdio.h>
void  main()        /*编写一个main()函数*/
{   int a, b; sum;       /*先定义变量*/
    a=37;
    b=29;              /*将数据分别存入变量a和变量b中*/
    sum=a+b            /*求两数之和并存入变量sum中*/
    printf("sum=%d", sum); /*将变量sum中的两数之和输出到屏幕显示*/


}
```

图　　1.18

4）第四步，编译程序。按【Ctrl+F7】组合键或通过"编译"菜单中的"编译"命令，或使用工具栏中的相应工具进行编译，系统提示创建默认项目工作区，请确认。若程序有错，则找到出错行后修改程序。（提示：注意编译出错信息。int a,b; sum; 应修改为 int a,b,sum; sum=a+b 应以；"结束，修改为 sum=a+b;）重新编译程序，直至错误为零，生成目标文件后方能做下一步连接操作，如图 1.19 所示。

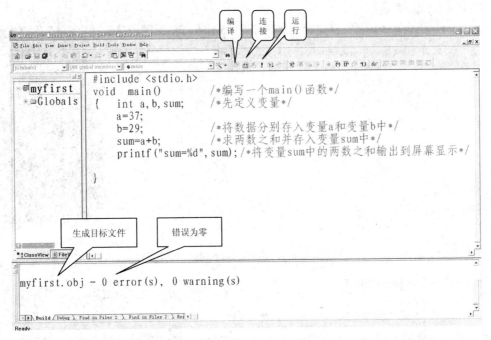

图　1.19

5）第五步，运行程序。连接程序。若程序没有语法错误，则可按功能键【F7】或执行"编译"菜单中的"连接"命令，或通过工具栏中的相关工具（编译工具右边工具），进行连接生成可执行文件，如图 1.20 所示。

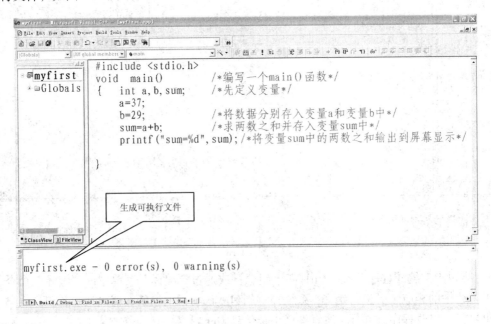

图　1.20

最后运行程序。按【Ctrl+F5】组合键，或通过"编译"菜单中的执行命令，或通过工具栏中的"!"工具运行程序。运行结果如图 1.21 所示。

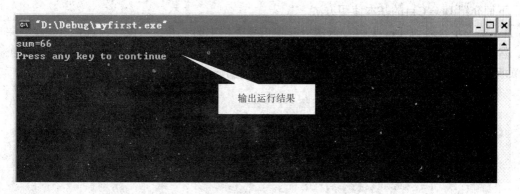

图　1.21

新建下一个程序前，先要关闭工作区（操作方法：选择"文件"菜单（File）中的"关闭工作区"命令（Close Workspace）），然后重复步骤（2）~（5）。

6）第六步，调试程序。在 VC"组建"（Build）菜单下的"开始调试"中有 4 条专用的调试命令："开始调试"（Go）命令，"调试到下一句"（Step into）命令，"调试到光标所在位置"（Run to Cursor）命令和 Attach to process…命令。

常用的调试快捷键：

F5：开始调试。

Shift+F5：停止调试。

F10：调试到下一句，这里是单步跟踪。

F11：调试到下一句，跟进函数内部。

Shift+F11：从当前函数中跳出。

Ctrl+F10：调试到光标所在位置。

F9：设置（取消）断点。

Alt+F9：高级断点设置。

设置断点可以让程序在用户希望的位置停下来，然后进行单步调试查看过程的正确性。调试方法与 VS 2010 基本相同，读者可以自行试试。

1.3　Dev-C++开发环境

Dev-C++是 Windows 下的 C 和 C++程序的集成开发环境。它使用 mingw32/gcc 编译器，遵循 C/C++标准。开发环境包括多页面窗口、工程编辑器以及调试器等，在工程编辑器中集合了编辑器、编译器、连接程序和执行程序，提供高亮度语法显示以减少编辑错误，还有完善的调试功能，能够满足初学者与编程高手的不同需求，是学习 C 或 C++的首选开发工具。竞赛中 DEV CPP 被广泛应用（可以在 LINUX 环境下使用），DEV-C++已被全国青少年信息学奥林匹克联赛设为 C++语言指定编译器，可以利用它编写符合标准 C++（98）规范的代码，体验 GCC 的一些特性。Dev–C++是一个可视化集成开发环境，可以用此软件实现 C/C++程序的编辑、预处理、编译、连接、运行和调试。

下面介绍 Dev–C++的基本使用方法。

1）第一步，启动 Dev–C++。方法一：单击任务栏中的"开始"按钮，选择"程序"菜单项，然后选"程序"下的子菜单项 Bloodshed Dev–C++项，显示该项下的子菜单。单击 Dev–C++菜单项，即可启动 Dev–C++集成开发工具，如图 1.22 所示。

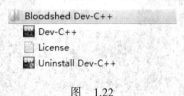

图　1.22

方法二：单击桌面上的 Dev–C++的图标。

2）第二步，新建源程序。从主菜单选择"文件"菜单→"新建"命令→"源代码"命令，如下图 1.23 所示。

图　1.23

如果界面上的字是中文的，则可以根据以下操作将界面文字改为英文。单击主菜单"工具"菜单→"环境选项"命令，在弹出的对话框中选择"界面"选项卡，在"语言"下拉列表中选择 English 即可，如图 1.24 所示。此时界面上的菜单、工具条等即改为英文。

图　1.24

可以在源程序编辑区域输入程序，如图 1.25 所示。

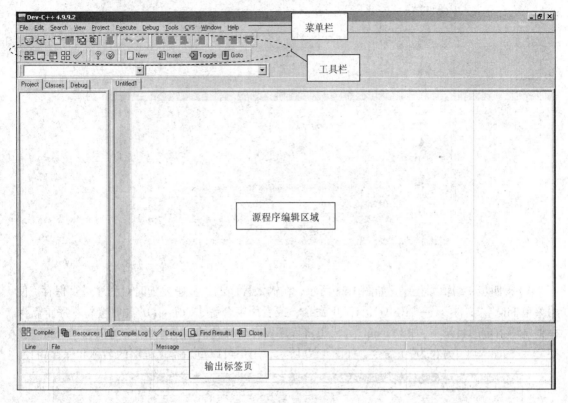

图　1.25

3）第三步，保存源程序。一个好的习惯是创建了一个新程序后，在还未输入代码之前先将该程序保存到硬盘某个目录下，然后在程序的编辑过程中经常性地保存程序，以防止机器突然断电或者死机。要保存程序，只需从主菜单选择 File（"文件"）菜单→Save（"保存"）命令，就可以将文件保存到指定的硬盘目录，如图 1.26 所示。

图　1.26

此时会弹出一个对话框，如图 1.27 所示。在此用户需要指定文件要存放的目录（此处为 F:\temp），文件名称（此处为 test）以及保存类型。需要注意的是，在"保存类型"下一定要选择"C source files(*.c)"，意思是保存为一个 C 文件。在单击右下角的"保存"按钮后，在 temp 目录下将会出现一个名为 test.c 的源文件。

图 1.27

4）第四步，编辑源程序。如图 1.28 所示，在输入程序的过程中要随时对程序进行保存（使用菜单 File（"文件"）→Save（"保存"）命令，或者用组合键【Ctrl+s】），此时会将程序重新保存到之前指定的目录下，如 F:\temp。如果想将程序保存到其他的硬盘路径下，可以选择 File（"文件"）→Save As（"另存为"）命令，如图 1.29 所示，用户可以重新指定程序的名称和保存路径。

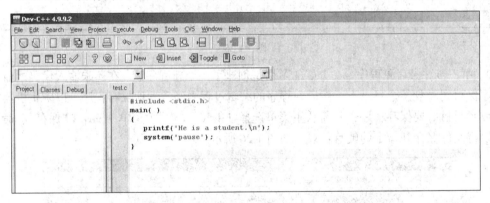

图 1.28

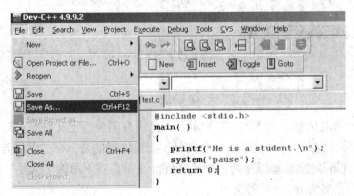

图 1.29

注意：

① 必须在英文输入环境下编辑程序。

② 在 Dev-C++环境下，为了查看程序运行结果，需要在 main()函数的 return 语句前加上：system("PAUSE")或 system("pause");，这样程序运行到该语句时，结果显示屏幕将会停留，让用户有时间看程序的输出结果，否则结果显示屏幕将会一闪而过。

5）第五步，预处理、编译、连接程序。

从主菜单选择"运行"命令→"编译"命令（也可选编译当前文件）或按【Ctrl+F9】组合键，可以一次性完成程序的预处理、编译和连接过程。如果程序中存在词法、语法等错误，则编译过程失败，编译器将会在屏幕右下角的 Compile Log（"编译日志"）标签页中显示错误信息，如图 1.30 所示，并且将源程序相应的错误行标成红色底色，如图 1.31 所示，由于删除了 printf 语句后面的分号，编译时报错，提示 system 语句前面的语句有语法错误（syntax error）。

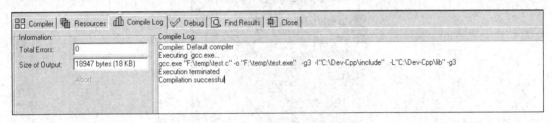

图　1.30

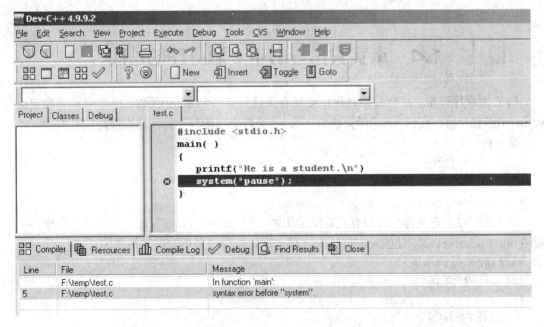

图　1.31

Compile Log（"编译日志"）标签页中显示的错误信息是寻找错误原因的重要信息，每一位初学者都要学会看这些错误信息，并且每一次碰到错误并且最终解决了错误时，要记录错误信息以及相应的解决方法。这样以后看到类似的错误提示信息，能熟练反应出是源程序哪里有问题，从而提高程序调试效率。

排除了程序中存在的词法、语法等错误后，编译成功。此时在源文件所在目录下将会出现一个同名的.exe 可执行文件（如 test.exe）。双击这个文件，即可运行程序。

6）第六步，运行程序。

对程序进行预处理、编译、连接后，可以有两种方法运行程序。

① 双击生成的.exe 文件；

② 直接在 Dev-C++环境下从主菜单选 Execute 命令→Run 命令或【Ctrl+F10】组合键运行程序，如图 1.32 所示。

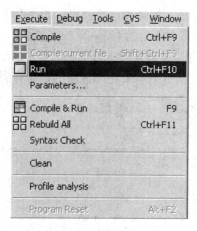

图 1.32

 1.4 本实验指导书中 C 源程序的说明

1）C 源程序框架。一个 C 语言程序必须有并且只有一个 main()函数，一个 C 语言程序总是从 main()函数开始，直到 main()函数结束。main()函数的写法有多种，常被使用的有两种：

第一种：

```
void main(){}
```

第二种：

```
int main(void){}
```

为了统一性，在本课程的所有实验中采用第二种 main()函数的写法。由于每个程序都需要调用 printf()库函数，必须包含<stdio.h>头文件，所以源程序采用的框架格式为：

```
#include <stdio.h>
int main(void)
{
    //程序编写处
    return 0;
}
```

2）关于注释。在教材或者实验指导书中的程序部分//为单行注释，在上机调试输入源程序时不需要输入//及当前行//后面的内容，注释内容只是帮助大家理解程序用的。

/* */为块注释，包含在内的内容是不执行的，不需要输入。

3）关于输入/输出示例。在实验题目里都有输入/输出示例，以帮助大家验证程序的正确性，示例仅供参考，用户也可以输入自己设定的内容并验证。

　　在"输入:"后面的内容为程序运行时需要输入的内容，一般多个数据类型的数据之间用空格、【Enter】键或者【Tab】键分隔;"输入:"后面斜体字部分为程序运行时提示用户应该输入的信息，该内容不需要在运行时输入，一般是在源程序 scanf 之前采用 printf()函数处理的，也可以忽略不考虑。

　　有的输入/输出示例会有多次运行情况，一般情况是因为该程序有多个分支，需要根据不同的输入运行不同的程序段，以保证程序的每个分支都执行到，所以需要多次输入不同的数据以验证程序的正确性。

【实验内容】

1）输出学生的学号和姓名。

输入/输出示例

输出:

学号:06011126

姓名:王晨

2）编程求 37+29 的值，熟悉 VC 运行环境。(提示:可参见【实验指导】下 1.1，1.2 或 1.3 的内容)

输入/输出示例

输出:sum=66

3）从键盘输入两个整数，求出最大数并输出。

输入/输出示例

输入:*input a,b:* **3 5**

输出:max=5

4）编程实现在屏幕上显示下列图形。

输出:

　　*

　　**

　　***

　　****

5）通过上机实践，运行下列程序并分析输出结果。

程序代码一:

```
#include <stdio.h>
int main(void)
{
    char ch='a';
    printf("%c 对应的 ASCII 码是:%d\n",ch,ch);
    return 0;
}
```

程序代码二:

```
#include <stdio.h>
```

```
int main(void)
{
    int a=168;
    float b=123.456;
    float x=35.567,y;
    printf("a=%5d\n",a);
    printf("a=%-5d\n",a);
    printf("b=%6.2f\n",b);
    printf("b=%e\n",b);
    y=(int)(x*100+0.5)/100.0;
    printf("x=%f,y=%f\n",x,y);
    return 0;
}
```

程序代码三：

```
#include <stdio.h>
int main(void)
{
    int a=168;
    printf("十进制数%d对应的八进制数是%o\n",a,a);
    printf("十进制数%d对应的十六进制数是%x\n",a,a);
    return 0;
}
```

【实验结果与分析】

将源程序、运行结果以及实验中遇到的问题和解决问题的方法，写在实验报告上。

【思考题】

1）将 1.1 节程序中的表达式"a+b"的"a"改为"A"，然后编译程序，分析原因。

2）将 1.1 节程序中的表达式"a+b"修改为"a-b"，然后运行程序，分析结果。

3）将实验内容中第 3）题修改为从键盘输入三个数，求出三个数的最小值并输出，如何实现，请修改并完成程序。

实验二 C语言的三种程序结构

 ## 2.1 顺 序 结 构

【实验目的】

1）理解 C 语言程序的三种基本结构。

2）掌握变量定义和基本数据处理。

3）掌握输入/输出函数的功能、格式及使用方法，设计简单的顺序结构程序。

【实验指导】

1. 本实验适用的知识点、语法和语句

1）C 语言程序的三种基本结构。

程序设计提倡清晰的结构，其基本思路是将一个复杂问题的求解过程划分为若干阶段，每个阶段合理选用顺序、选择或循环这三种控制结构，使要处理的问题都容易被理解和处理。

顺序结构只要按照解决问题的顺序写出相应的语句即可，它的执行顺序是自上而下，依次执行。

选择结构要判断给定的条件，根据判断的结果来控制程序的流程。

循环结构用来描述重复执行某段操作的问题，可以减少源程序重复书写的工作量，这是程序设计中最能发挥计算机特长的程序结构。

2）变量定义。

格式：数据类型 变量 1[, 变量 2，…，变量 n];

功能：变量是在程序运行过程中，其值可以被改变的量，以上语句就是定义某种类型的变量。

注意：变量必须先定义，后使用；定义变量时要指定变量名和数据类型；变量应该先赋值，后引用。

3）基本数据处理和表达式语句。

格式：表达式;

功能：表达式语句就是在表达式末尾加上分号，可以实现赋值、算术运算和逻辑运算等基本数据处理功能。

注意：分号";"是语句的终结符，而不是语句的分隔符，即分号应该加在每条语句末尾。

4）格式化输出函数 printf( )。

格式：printf("格式控制串",输出列表);

功能：按"格式控制串"指定的格式向显示器输出数据。

注意：输出列表是要输出的数据列表（可以没有，若有多个输出数据时以","分隔），格式控制串中%d 是格式字符，用于指定输出格式为整型，其他普通字符则照原样输出，转义符'\'按规定的转义字符显示，如'\n'的转义字符是换行符。

5）格式化输入函数 scanf()。

格式：scanf("格式控制串"，地址列表);

功能：按"格式控制串"指定的格式从键盘读入数据，存入地址列表指定的存储单元中，并按回车键结束。

注意：地址列表是若干变量的地址，变量的地址用取地址运算符&获得，多个地址用","分隔，格式控制串中%d 是格式字符，用于指定输入格式的类型。

2. 编程要点

首先分析需要使用几个变量，每个变量各是什么类型，然后分别进行定义。在进行数据处理之前，分析是否要通过键盘进行数据输入，如果需要则应加入相应的输入语句，然后通过基本的表达式语句进行各项运算，最后通过输出语句将计算结果显示在屏幕上。

3. 实验题解析

范例 1　已知三个实数 a，b，c 存在关系 $c = \dfrac{ab^2}{a+b}$，当 $a=1.6$，$b=2.5$ 时，计算 c 的值并输出结果。

分析：

该题指明需要三个实型变量，已知其中两个变量的值来计算第三个数，最后输出结果，所以先定义变量，然后加入两个变量赋值语句，计算第三个变量，最后加入输出语句，故整段程序如下：

```
#include <stdio.h>
int main(void)
{
    float a,b,c;              /*先定义变量*/
    a=1.6;
    b=2.5;                    /*两个变量赋值*/
    c=a*b*b/(a+b);           /*引用 a, b 变量来计算第三个变量*/
    printf("c 的值是%f\n",c);  /*输出结果 c*/
    return 0 ;
}
```

范例 2　摄氏温度 C 和华氏温度 F 之间存在以下关系：

$$C = （5/9）（F-32）$$

输入一个华氏温度值，计算对应的摄氏温度值。

分析：

本题需要两个变量分别表示华氏温度和摄氏温度，通过键盘输入一个华氏温度值，即加入一个 scanf()语句，然后通过公式计算摄氏温度值，最后用 printf()语句输出结果。故整段程序如下：

```c
#include <stdio.h>
int main(void)
{
    int celsius, fahr;              /*变量定义*/
    printf("请输入 fahr 的值: ");   /*显示提示输入的语句*/
    scanf("%d",&fahr);
    celsius=5*(fahr-32)/9;
    printf("fahr=%d, celsius=%d\n", fahr, celsius);      /*输出结果*/
    return 0;
}
```

【实验内容】

1）已知 $a=1.5$，$b=5.3$，$c=2.9$，计算 $s=b^2-4ac$ 的结果并输出。

输入/输出示例

输出：s=10.6900000

2）输入某学生三个科目的期末考试成绩，计算出该学生的成绩总分和平均分。

输入/输出示例

输入：*Input math,english,c_program:* **70 85 92**

输出：sum=247,average=82.333333

3）输入圆的半径，计算圆的面积，设圆周率为 3.1416。

输入/输出示例

输入：*Input r:* **3.4**

输出：area=36.316896

4）输入一个两位数，将其个位数和十位数互换后变成一个新的数，输出这个数。

输入/输出示例

输入：*Input num:* **45**

输出：new_num=54

5）输入两个数 a 和 b，将两数的值互换后输出新值。

输入/输出示例

输入：*Input a,b:* **3 4**

输出：a=4,b=3

【实验结果与分析】

将源程序、运行结果以及实验中遇到的问题和解决问题的方法，写在实验报告上。

【思考题】

1）若在实验题解析的范例 2 中"celsius = 5 * (fahr – 32) / 9"改成"celsius = 5 / 9 * (fahr – 32)"，会有什么问题？为什么？

2）改错题

计算某个数 x 的平方 y，并分别以"y=x*x"和"x*x=y"的形式输出 x 和 y 的值，假设 x 的值为 3。

输入/输出示例

输出：9=3*3

3*3=9

源程序（有错误的程序）如下：

```
#include <stdoi,h>
int main(void)
{
    int y;
    y=x*x;
    printf("%d=%d*%d", x);
    printf("d*%d=%d", y);
    return 0;
}
```

2.2 简单分支结构

【实验目的】

1）理解简单分支结构。

2）掌握简单的关系运算。

3）熟练使用 if-else 语句进行简单分支结构程序设计。

【实验指导】

1. 本实验适用的知识点、语法和语句

1）关系运算。

格式：$x < y$ $x <= y$ $x == y$ $x > y$ $x >= y$ $x != y$

功能：用关系运算符将 2 个表达式连接起来，比较这两个表达式的大小关系，比较结果为真或假，如图 2.1 所示。

注意：关系表达式的值是逻辑值，为"真"或"假"，分别用 1 和 0 表示。

2）if – else 语句的基本格式。

格式：

```
if (表达式)
    语句 1
```

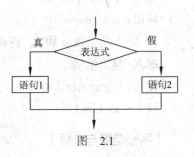

图 2.1

```
else
    语句 2
```

功能：当 if 后面的表达式成立时（其值为真），执行语句 1，否则，执行语句 2。

注意：if 后面的表达式必须加括号，else 后面不再写表达式，直接写语句 2。如果没有语句 2，则 else 可以省略。

2. 编程要点

首先分析问题是否需要使用分支结构，若使用分支结构，首先确定作为判断条件的表达式，然后确定条件满足与否的不同执行语句。

3. 实验题解析

范例 1 求一个整数的绝对值。

分析：

整数有正数和负数，若为正数或者零，其绝对值为本身；若为负数，则绝对值为本身加负号变为正数，这就是一个典型的分支结构的问题。所以首先确定判断条件，设该整数存放在变量 x 中，将其绝对值存放到变量 y 中，则条件表达为(x>=0)，然后当条件成立时的执行语句为 y = x;，当条件不成立时执行语句为 y = –x;，在对 x 进行处理前，先使用 scanf 语句对 x 的值进行输入，故整段程序如下：

```
#include <stdio.h>
int main(void)
{
    int x,y;
    printf("请输入一个整数: ");          /*显示提示输入的语句*/
    scanf("%d",&x);                     /*输入一个整型数存入 x 变量中*/
    if(x>=0)
        y=x;
    else
        y=-x;
    printf("整数%d 的绝对值是%d\n",x,y);
    return 0;
}
```

另一种方法是先判断该数是否是负数，因为是正数时该数不变（没有语句 2），所以 else 可省略。部分程序如下：

```
scanf("%d",&x);
if(x<0)
    x=-x;
printf("绝对值是%d\n",x);
```

范例 2 分段计算水费。

某自来水公司按月用水量分段计算居民水费，水费 y（元）与用水量 x（吨）存在函数关系如下，输入用户用水量，计算该用户应交水费并输出。

$$y = f(x) = \begin{cases} \dfrac{4x}{3} & (x \leqslant 15) \\ 2.5x - 10.5 & (x > 15) \end{cases}$$

分析：

典型的分支结构，水费的计算分两种情况，当用户用水量大于 15 t 和 15 t 以下采取不同的计算方法，故使用 if-else 语句最为合适，先判断 x 与 15 的关系，则判断表达式为 x<=15，故整段程序如下：

```c
#include <stdio.h>
int main(void)
{
    double x, y;
    printf("Enter x (x>=0):\n");
    scanf("%lf", &x);
    if(x<=15)
        y=4*x/3;
    else
        y=2.5*x-10.5;
    printf("y=f(%f)=%.2f\n", x, y);
    return 0;
}
```

【实验内容】

1）输入两个整数，求其中的较小值并输出。

输入/输出示例

输入：*Input a,b:* **3 4**

输出：min=3

2）输入 x 的值计算分段函数 y 的值。

$$y = f(x) = \begin{cases} x^2 + 2x & (x < 2) \\ 2x - 1 & (x \geqslant 2) \end{cases}$$

输入/输出示例

第一次运行：

输入：*Input x:* **3**

输出：y=f(3.000000)=5.000000

第二次运行：

输入：*Input x:* **1.99**

输出：y=f(1.990000)=7.940100

第三次运行：

输入：*Input x:* **1**

输出：y=f(1.000000)=3.000000

3）输入两个整数并判断两数是否相等，输出相应结论。

输入/输出示例

第一次运行：

输入：*Input a,b:* **3 4**

输出：a 不等于 b

第二次运行：

输入：*Input a,b:* **30 30**

输出：a 等于 b

4）输入一个整数，若为负数，求出它的平方；若为正数，求出它的立方，并输出结果。

输入/输出示例

第一次运行：

输入：*Input a:* **−4**

输出：a*a=16

第二次运行：

输入：*Input a:* **4**

输出：a*a*a=64

5）输入三个整数，用 if−else 结构求出其中的最大值。提示：首先求出两个数中较大值放在一个变量中，然后用这个变量和第三个数再进行一次比较。

输入/输出示例

输入：*Input a,b,c:* **3 4 5**

输出：max=5

【实验结果与分析】

将源程序、运行结果以及实验中遇到的问题和解决问题的方法，写在实验报告上。

【思考题】

1）实验内容第3）题中比较两数大小，运算符=和==有什么区别，如果将==误用为=会导致什么样的结果呢？

2）改错题

输入实数 x，计算并输出下列分段函数 $f(x)$ 的值，输出时保留一位小数。

$$y = f(x) = \begin{cases} \dfrac{1}{x} & (x = 10) \\ x & (x \neq 10) \end{cases}$$

输入/输出示例

第一次运行：

输入：*Enter x:* **10**

输出：f(10.0) = 0.1

第二次运行：

输入：*Enter x:* **234**

输出：f(234.0) = 234.0

源程序（有错误的程序）如下：

```c
#include <stdio.h>
int main(void)
{
    double  x,
    printf("Enter x: \n");
    scanf("=%f", x);
    if(x=10){
        y=1/x
    }
    else (x!=10){
        y=x;
    }
    printf("f(%.2f) = %.1f\n" x y);
    return 0;
}
```

2.3 简单循环结构

【实验目的】

1）理解简单循环结构。

2）掌握复合语句和空语句用法。

3）熟练使用 for 语句实现指定次数的循环程序设计。

【实验指导】

1. 本实验适用的语法和语句

1）复合语句。

格式：{多个语句}

功能：把多个语句用括号{}括起来组成的语句称为复合语句，将多个语句当作一个整体执行。

注意：复合语句内的各条语句都必须以分号";"结尾，此外，在括号"}"外不能加分号。

2）空语句。

格式：;

功能：只有分号";"组成的语句称为空语句。空语句是什么也不执行的语句。在程序中空语句可用来作空循环体。

注意：一般用于循环结构中。

3）for 语句。

格式：for(表达式 1;表达式 2;表达式 3)

       循环体语句

功能：三个表达式依次是循环变量赋初值、循环条件、循环变量增值，此 for 语句实现以上循环体语句的重复执行，流程图如图 2.2 所示。

注意：3 个表达式和循环体语句，书写顺序和执行顺序不同，表达式 1 只执行一次。

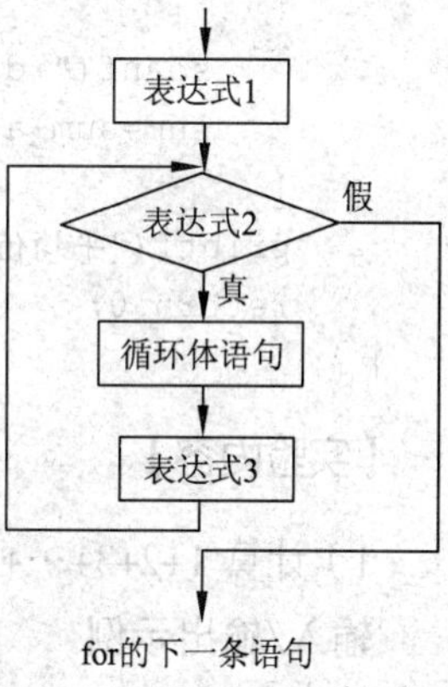

2. 编程要点

首先分析问题，判断该问题是否适合使用循环结构，若适合使用循环结构，则首先确定反复执行的循环语句是什么，然后确定循环的起始点即初值（表达式 1）、执行循环的条件（表达式 2）和每次循环后的增值变化（表达式 3）。

图 2.2

3. 实验题解析

范例 1　求 1+2+…+100 的值。

分析：

本题是一个累加的过程，反复使用加法运算计算出最终结果，所以是一个典型的循环结构。可以将最终的计算结果存放在一个变量 sum 中，sum 的初始值为 0，然后依次将 1～100 的和，累加到 sum 中。因此，可以确定反复执行的循环体语句是 sum=sum+i;，其中 i 就是由 1～100 不断变化的循环变量，这个循环变量的初始值是 1，终止值是 100，所以循环条件就是 i<=100，而循环变量每个循环变化的差值是 1，故第三个表达式就是 i=i+1，也可以简写为 i++。故整段程序如下：

```
#include <stdio.h>
int main(void)
{
    int i, sum;
    sum=0;                       /* 置累加和 sum 的初值为 0 */
    for( i=1; i<=100; i++ )      /* 循环重复 100 次 */
        sum=sum+i;               /* 反复累加 */
    printf("sum = %d\n", sum);   /* 输出累加和 */
    return 0;
}
```

范例 2　连续输入 10 个整数，求出它们的平均值并输出结果。

分析：

本题还是一个累加的过程，但是增加了循环输入的步骤，没有必要去写 10 个输入语句，也用一个循环结构进行简化，最后求出的累加和除以 10 就可以得到平均值。将累加的计算结果存放在变量 sum 中，sum 的初始值为 0，累加的过程与上题类似，只不过循环体里增加了输入语句，循环执行 10 次，故整段程序如下：

```
#include <stdio.h>
int main(void)
{
    int i, a;
    float sum;
    sum=0;                       /* 置累加和 sum 的初值为 0 */
    for( i=1; i<=10; i++ )       /* 循环重复 10 次 */
```

```
{
    scanf("%d", &a);
    sum=sum+a;                      /* 反复输入并累加 */
}
printf("平均值为%f\n", sum/10);   /* 输出平均值 */
return 0;
}
```

【实验内容】

1）计算 1+2+3+…+10。

输入/输出示例

输出：sum=55

2）计算 1+4+7+…+301。

输入/输出示例

输出：sum=15251

3）循环输入某学生八个科目的期末考试成绩，计算出该学生的成绩总分和平均分。

输入/输出示例

输入：*Input grade:* **76 85 79 94 68 88 70 98**

输出：sum=658

　　　average=82.25

4）输入 n 的值，计算 n!。

输入/输出示例

输入：*Input n:* **8**

输出：n!=40320

5）显示 1~10 的平方，输出结果如下所示：

输出：

1*1=1

2*2=4

3*3=9

4*4=16

5*5=25

6*6=36

7*7=49

8*8=64

9*9=81

10*10=100

6）计算 1+3/4+5/7+7/10+… 的前 n 项之和，提示：累加求和 sum=sum+x;，其中 x=a/b。

（思考：若 a,b 定义为整型，则 3/4 的值等于 0 还是 0.75？）

输入/输出示例

输入：*Input n:* **10**

输出：sum=7.268294

【实验结果与分析】

将源程序、运行结果以及实验中遇到的问题和解决问题的方法，写在实验报告上。

【思考题】

1）在范例 2 中为什么要把 sum 定义成 float 类型？如果还是使用 int 类型，会有什么问题？

2）改错题

输入两个整数 lower 和 upper，输出一张华氏温度与摄氏温度转换的表格，华氏温度的取值范围是 lower 到 upper 之间，每次增加 2°，计算公式如下：C=(5/9)(F-32)，C 表示摄氏温度，F 表示华氏温度。

输入/输出示例

第一次运行：

输入：*Enter lower:* **32**

　　　Enter upper: **35**

输出：fahr celsius

32　　0.0

34　　1.1

第二次运行：

输入：*Enter lower:* **30**

　　　Enter upper: **40**

fahr Celsius

输出：30　　-1.1

　　　32　　0.0

　　　34　　1.1

　　　36　　2.2

　　　38　　3.3

　　　40　　4.4

源程序（有错误的程序）如下：

```c
#include <stdio.h>
int main(void)
{
    int fahr , lower, upper;
    double celsius;
    lower=30;
    upper=40;
    printf("fahrcelsius\n");
    for(fahr=lower, fahr<=upper, fahr++);
        celsius=5/9*(fahr-32.0);
    printf("%3.0f, %6.1f\n", fahr, celsius);
    return 0;
}
```

实验三 分支程序设计

3.1 简单分支结构

【实验目的】

1）理解 C 语言数据类型的概念，掌握如何定义整型、字符型和实型变量。
2）学会正确使用关系表达式。
3）熟练使用 if-else 和 if-else if-else 语句。

【实验指导】

1. 本实验适用的主要语法和语句

1）字符输入函数 getchar()、字符输出函数 putchar()。
① 字符输入函数 getchar()。
格式：ch = getchar();
功能：输入一个字符，赋值给字符变量 ch。
② 字符输出函数 putchar()。
格式：putchar(ch);
功能：输出一个字符，将字符变量 ch 输出到屏幕。

2）关系运算符和关系表达式。
C 语言提供了 6 个关系运算符：>（大于）、>=（大于等于）、<（小于）、<=（小于等于）、
!=（不等于）、==（等于），关系运算符的结果是逻辑值，即关系成立为真（值为 1），关系不
成立为假（值为 0）。
用关系运算符将表达式连接起来的式子称为关系表达式。

3）if-else 语句。
格式：   if (条件)
                语句 1;
           else
                语句 2;
功能：if-else 结构是 if 语句的基本类型。如果(条件)满足，执行语句 1；否则执行语句 2。
4）if-else if-else 语句的功能和使用方法。
格式：   if (条件 1)

```
        语句 1;
    else if (条件 2)
        语句 2;
    else
        语句 3;
```

功能：如果(条件 1)满足，执行语句 1；否则如果(条件 2)满足，执行语句 2；否则执行语句 3。如果没有语句 3，则 else 可以省略。

2. 编程要点

分析题目，判断有几个不同的处理及其条件（n 个不同处理须有 n-1 个条件加以区分），写出分支的条件表达式及其处理语句，最后选择合适的分支结构语句实现。

3. 实验题解析

范例 1 输入一个整数，判定该整数的奇偶性。

分析：

1）一个整数要么是偶数，要么是奇数，只可能有这两种情况，因此要有一个条件来区分，即判断整数的奇偶性中一个就可以了。例如，判断整数是否是偶数，否则就是奇数。

判断某整数的奇偶性，可以利用算术运算符%来实现。就是检查该数是否能被 2 整除。若能被 2 整除，该数为偶数，条件表达式为(x%2==0)。

2）两个不同的处理。

该数为偶数时，输出：是偶数。实现语句为 printf("是偶数");否则输出：是奇数。实现语句为 printf("是奇数");。

3）因为只有两种不同的处理，应采用 if-else 两分支的语句。

程序的参考代码为：

```
#include <stdio.h>
int main(void)
{
    int x;
    scanf("%d",&x);           /* 从键盘输入 x*/
    if(x%2==0)                /*检查该数是否能被 2 整除*/
        printf("是偶数\n");
    else
        printf("是奇数\n");
    return 0;
}
```

范例 2 输入 x，计算并输入下列分段函数对应的值。

$$y = \begin{cases} x & (x < 0) \\ 2x - 10 & (x = 0) \\ 3x^2 - 11 & (x > 0) \end{cases}$$

分析：

1）该函数的执行分为三种情况：

如果 x<0，则执行 y=x；

如果 x=0，则执行 y=2x-10；

如果 x>0，则执行 y=3x^2-11。

2）该分段函数需要分三种情况进行计算，所以只需利用两个条件即可加以区分，可以使用 if-else if-else 三分支语句。

注意：①数学表达式与 C 语言表达式之间的转换：要将"x=0"转换为 C 语言表达式"x==0"；②在 C 程序中，乘号*不能省略。

程序的参考代码为：

```
#include <stdio.h>
int main(void)
{
    int x,y;
    scanf("%d",&x);              /* 从键盘输入 x */
    if(x<0)
        y=x;
    else if(x==0)                /* 注意是两个等号== */
        y=2*x-10;
    else
        y=3*x*x-11;
    printf("y=%d\n",y);
    return 0;
}
```

范例3 从键盘输入 10 个字符，将所有的英文字母转换为小写后输出。

分析：

1）从键盘输入一个字符，可以调用 getchar()函数：

ch = getchar();

2）只有转换和不转换两种处理，其转换条件为若是大写字母转化为小写，否则直接输出。判断大写字母的关系表达式为：(ch>='A' && ch<='Z')

3）将大写字母转换为小写字母的关系表达式为：   ch=ch+32；或者：ch=ch+'a'-'A'；。

4）可以使用 if-else 两分支语句。因为若是小写字母无须任何处理，故 else 可省略。

程序的参考代码为：

```
#include <stdio.h>
int main(void)
{
int i;
char ch;
for(i=1;i<=10;i++)
    {
    ch=getchar();
    if(ch>='A'&&ch<='Z')
        ch=ch+32;
    putchar(ch);
    }
    return 0
}
```

【实验内容】

1）输入一个整数 x，判定是否能被 5 整除。

输入/输出示例

第一次运行：

输入：**10**

输出：能被 5 整除。

第二次运行：

输入：**9**

输出：不能被 5 整除。

2）输入 *x*，计算并输入下列分段函数对应的值。

$$y = \begin{cases} -5 & x < 0 \\ x^2 + 2 & 0 \leqslant x \leqslant 1 \\ \dfrac{x}{2} & x > 1 \end{cases}$$

输入/输出示例

第一次运行：

输入：**–4**

输出：–5

第二次运行：

输入：**0.5**

输出：2.25

第三次运行：

输入：**3**

输出：1.5

3）某商场给顾客购物的折扣率如下：

　　购物金额 < 300 元　　　　　　　不打折

　　300 ≤ 购物金额 < 500 元　　　　9 折

　　500 元 ≤ 购物金额　　　　　　　7 折

要求输入一个购物金额 *x*，输出打折率 rate 以及购物实际付款金额 x * rate。

输入/输出示例

第一次运行：

输入：**200**

输出：不打折，付款 200 元

第二次运行：

输入：**400**

输出：9 折，付款 360 元

第三次运行：

输入：**500**

输出：7 折，付款 350 元

4）从键盘输入一个英文字母，将其转换为大写字母后输出。

输入/输出示例

第一次运行：

输入：**h**

输出：H

第二次运行：

输入：**H**

输出：H

5）从键盘输入 10 个字符，将所有的英文字母转换为大写后输出。

输入/输出示例

输入：**helloHi123**

输出：HELLOHI123

6）（选做）从键盘输入 10 个字符，统计其中英文字母、空格、数字字符和其他字符的个数。

输入/输出示例

输入：**abe87*j_E5**

输出：letter = 5 space = 0 digiter = 3 other = 2

【实验结果与分析】

将源程序、运行结果以及实验中遇到的问题和解决问题的方法，写在实验报告上。

【思考题】

1）请思考下面两个程序的输出结果，指出哪个是错误的，并加以改正。

程序一：

```c
#include <stdio.h>
int main(void)
{
    int x,y;
    x=5;
    if(x=0)
        y=0;
    else
        y=x;
    printf("y=%d\n",y);
    return 0;
}
```

输出结果是：y=0

程序二：

```c
#include <stdio.h>
int main(void)
```

```
{
    int x,y;
    x=5;
    if(x==0)
        y=0;
    else
        y=x;
    printf("y=%d\n",y);
    return 0;
}
```

输出结果是：y=5

2）改错题

输入实数 x，计算并输出下列分段函数的值，输出时保留一位小数。

$$y = f(x) = \begin{cases} \dfrac{1}{x^2} & (x = 10) \\ 2x & (x \neq 10) \end{cases}$$

输入/输出示例

第一次运行：

输入：**10**

输出：f(10.0)=0.01

第二次运行：

输入：**234**

输出：f(234.0)=486.0

源程序（有错误的程序）如下：

```
#include <stdio.h>
int main(void)
{
    double x,
    printf("Enter x: \n");
    scanf("=%f", x);
    if(x=10){
        y=1/x*x
    }
    else(x!=10){
        y=2x;
    }
    printf("f(%.2f) = %.1f\n" x y);
    return 0;
}
```

3.2   复杂分支结构

【实验目的】

1）熟练使用逻辑表达式。

2）熟练使用 if-else if-else if-else 语句。

3）熟练使用 switch 语句实现多分支结构程序设计。

【实验指导】

1. 本实验适用的主要语法和语句

1）逻辑运算符和逻辑表达式。

C 语言提供了 3 个逻辑运算符：!、&&、‖，分别表示逻辑非、逻辑与和逻辑或运算，运算结果为逻辑值：1（真）或 0（假）。

用逻辑运算符将表达式连接起来的式子称为逻辑表达式。

2）if-else if-else if-else 多分支语句。

格式：
```
if(条件 1)
    语句 1；
else if(条件 2)
    语句 2；
else if(条件 3)
    语句 3；
…
else
    语句 n；
```

功能：如果(条件 1)满足，执行语句 1；否则如果(条件 2)满足，执行语句 2，否则如果(条件 3)满足，执行语句 3，…，否则执行语句 n。

3）if 语句的 if 子句或 else 子句还可以是 if 语句，称为 if 语句的嵌套。

格式：
```
if(条件 1)
    if(条件 2)
        语句 1；
    else
        语句 2；
else
    if(条件 3)
        语句 3；
    else
        语句 4；
```

功能：如果(条件 1)满足，再判断(条件 2)，如果(条件 2)满足，执行语句 1，否则执行语句 2；否则如果(条件 1)不满足，再判断(条件 3)，如果(条件 3)满足，执行语句 3，否则执行语句 4。

4）switch 语句。

格式：
```
switch (表达式)
    {
        case 常量表达式 1：语句 1；break；
```

```
        case 常量表达式 2：语句 2；break;
        …
        case 常量表达式 n：语句 n；break;
        default：语句 n+1；break;
    }
```

功能：首先判断(表达式)的值，如果等于常量表达式 1，则执行语句 1；如果等于常量表达式 2，则执行语句 2；…，如果等于常量表达式 n，则执行语句 n；如果没有符合条件的常量表达式，则执行语句 n+1。

注意：

① switch 语句是通过比较表达式的值与各个常量表达式的值是否相等来实现分支的，因此各个表达式的数据类型必须一致。

② switch 的表达式一般是数值表达式。如果是字符表达式，则注意 case:后的常量表达式一定要加上单引号'常量表达式'。

③ 当表达式的值与某一个 case 后面的常量表达式的值相等时，就从该 case 后面的语句一直往下执行，遇到 break 语句则跳出 switch 语句。若与表达式的值都不匹配，就执行 default 后面的语句。

④ 其中，每一个 case 的常量表达式的值必须互不相同。

2. 编程要点

复杂分支结构程序设计，先确定有多少个不同的处理及其条件，再进一步分析条件分支的方法，如果能用数值是否相等来实现分支，可选择用 switch 语句编程，否则就用 if 语句编程。用 if 语句时，必须用关系、逻辑运算符写出 n-1 个条件表达式，最后针对不同条件，调用对应的语句做出不同处理。

3. 实验题解析

范例 1 输入三角形的三条边 a，b，c，判断是否能构成三角形。如果能构成三角形，输出面积 area；如果不能构成三角形，输出"该三条边不能构成三角形！"

分析：

1）首先判断能否构成三角形，采用的语句应该为：

```
if(能构成三角形)
    计算面积
else
    输出"不能构成三角形"
```

2）判断能否构成三角形。

将条件"任意两边之和大于第三边"转换为 C 语言表达式，（注意逻辑关系："任意"），即：

$$(a+b>c \text{ \&\& } a+c>b \text{ \&\& } b+c>a)$$

3）如果能构成三角形，则计算面积。计算面积分为两个步骤：先计算 s，再计算面积 area。

如果定义 a,b,c 为整型，则 s=(a+b+c)/2 也只能取得整数。有两种解决办法：s=1.0*(a+b+c)/2；或将 a,b,c,s 都定义为 double 类型。

将面积公式 $area = \sqrt{s(s-a)(s-b)(s-c)}$ 转为 C 语言表达式：area=sqrt(s*(s-a)* (s-b)*(s-c))

注意：乘号*不能省略，要使用 sqrt()函数，需要加头文件 math.h。

程序的参考代码为：

```c
#include <math.h>
#include <stdio.h>
int main(void)
{
    int a,b,c;
    float s,area;
    scanf("%d%d%d",&a,&b,&c);
    if(a+b>c&&a+c>b&&b+c>a)
    {
        s=1.0*(a+b+c)/2;
        area=sqrt(s*(s-a)*(s-b)*(s-c));
        printf("面积为%f\n",area);
    }
    else
        printf("不能构成三角形!\n");
    return 0;
}
```

范例 2 使用 switch–case 语句编程实现：输入一个五级制成绩（A、B、C、D、F），输出对应的百分制成绩区间。五级制成绩对应的百分制成绩区间为：A(90~100)、B(80~89)、C(70~79)、D(60~69)、F(0~59)、其他（输出 error）。

分析：

可以将输入的字符与五级制成绩（A、B、C、D、F）比对是否相等来实现分支的，故使用 switch 语句编程。

1）确定 switch (表达式)里，表达式应该为（grade）。

2）因为 grade 是字符型，所以常量表达式也应该是字符型，应加单引号。并且，不要忘记每个 case 语句后的 break 语句；该语句的作用是跳出 switch 语句。

3）直接用 printf()输出。注意：不能将一串字符赋给一个字符变量，因为字符变量只能接收一个字符。

程序的参考代码为：

```c
#include <stdio.h>
int main(void)
{
    char grade;
    scanf("%c",&grade);
    switch(grade)
    {
        case 'A': printf("成绩在 90~100 之间\n"); break;
        case 'B': printf("成绩在 80~89 之间\n"); break;
        case 'C': printf("成绩在 70~79 之间\n"); break;
        case 'D': printf("成绩在 60~69 之间\n"); break;
        case 'F': printf("成绩在 0~59 之间\n"); break;
        default: printf("error!\n"); break;
    }
}
```

```
    return 0;
}
```

【实验内容】

1）输入一个四位整数的年份，判断是否为闰年。

（提示：能被 4 整除但不能被 100 整除，或者能被 400 整除的年份为闰年。）

输入/输出示例

第一次运行：

输入：**2008**

输出：2008 是闰年

第二次运行：

输入：**2100**

输出：2100 不是闰年

2）编写一个程序输入某人的身高（cm）和体重（kg），按下式确定其体重是否为标准、过胖或过瘦。判断标准如下：①标准体重 = 身高 – 110；②超过标准体重 5 kg 为过胖；③低于标准体重 5 kg 为过瘦。

输入/输出示例

第一次运行：

输入：**160 50**

输出：标准

第二次运行：

输入：**160 57**

输出：过胖

第三次运行：

输入：**160 44**

输出：过瘦

3）输入一个字符（A、B、C 或其他任意字符）。输入'A'输出一等奖，输入'B'输出二等奖，输入'C'输出三等奖，输入其他字符输出"很遗憾，此次未中奖！"（用 switch 语句实现）

输入/输出示例：

第一次运行：

输入：**A**

输出：一等奖

第二次运行：

输入：**C**

输出：三等奖

第三次运行：

输入：**0**

输出：很遗憾，此次未中奖！

4）假设自动售货机出售 4 种商品：薯片（crisps）、爆米花（popcorn）、巧克力（chocolate）

和可乐（cola），售价分别是每份 3.0、2.5、4.0 和 3.5 元。在屏幕上显示以下菜单，用户可以连续查询商品的价格，当查询次数超过 5 次时，自动退出查询；不到 5 次时，用户可以选择退出。当用户输入编号 1~4，显示相应商品的价格；输入 0，退出查询；输入其他编号，显示价格为 0。（用 switch 语句实现）

输入/输出示例：

[1] 薯片

[2] 爆米花

[3] 巧克力

[4] 可乐

[0] 退出

请输入你的选择：（0~4）

第一次运行：

输入：**1**

输出：3.0

第二次运行：

输入：**3**

输出：4.0

第三次运行：

输入：**0**

输出：结束运行

5）编写一个程序，输出给定的某年某月的天数。

输入/输出示例

第一次运行：

输入：*输入年月*：**2004 2**

输出：2004 年 2 月的天数为 29 天

第二次运行：

输入：*输入年月*：**2004 6**

输出：2004 年 2 月的天数为 30 天

第三次运行：

输入：*输入年月*：**2004 10**

输出：2004 年 10 月的天数为 31 天

6）（选作）输入一个不多于 5 位的正整数，要求：①输出它是几位数；②分别输出每一位数字。

输入/输出示例

第一次运行：

输入：**135**

输出：3 1 3 5

第二次运行：

输入：**1234**

输出：4　1 2 3 4

【实验结果与分析】

将源程序、运行结果以及实验中遇到的问题和解决问题的方法，写在实验报告上。

【思考题】

1）注意区分 switch-case 语句中字符型常量和整型常量的用法。

2）注意 switch-case 语句中 break 的作用。请思考下面两个程序的输出结果。为什么？

程序一：

```
grade='B';
switch(grade)
    {case 'A': printf("90~100!\n"); break;
     case 'B': printf("80~89!\n"); break;
     case 'C': printf("70~79!\n"); break;
     case 'D': printf("60~69!\n"); break;
     case 'E': printf("0~59!\n"); break;
     default : printf("error!\n"); break;
    }
```

输出结果是：80~89

程序二：

```
grade='B';
switch(grade)
    {case 'A': printf("90~100!\n");
     case 'B': printf("80~89!\n");
     case 'C': printf("70~79!\n");
     case 'D': printf("60~69!\n");
     case 'E': printf("0~59!\n");
     default : printf("error!\n");
    }
```

输出结果是：80~89

70~79

60~69

0~59

error

3）改错题

输入两个整数 num1 和 num2，以及一个 C 语言运算符（+、-、*、/、%），输出计算结果，如果输入其他字符，显示"运算符输入错误"。

输入/输出示例

第一次运行：

输入：5*4

输出：20

第二次运行：

输入：**16%3**

输出：1

第三次运行：

输入：**6#8**

输出：运算符输入错误

源程序（有错误的程序）如下：

```
#include <stdio.h>
int main(void)
{
    char sign;
    int x,y;
    printf("输入 x 运算符 y: ");
    scanf("%d%c%d", &x, &sign, &y);
    if(sign='*')
        printf("%d * %d = %d\n",x,y,x*y);
    else if(sign='/')
        printf("%d / %d = %d\n",x,y,x/y);
    else if(sign='%')
        printf("%d Mod %d = %d\n",x,y,x%y);
    else
        printf("运算符输入错误! \n");
    return 0;
}
```

实验四　循环结构程序设计

4.1　基本循环语句的使用

【实验目的】

1）理解循环程序的结构和执行流程。

2）掌握 for、while 和 do-while 语句的格式和功能。

3）熟练使用 for、while 和 do-while 语句实现循环程序设计。

【实验指导】

1. 本实验适用的语法和语句

1）while 语句。

格式：while (条件表达式)

　　　　{循环体语句}

功能：当条件表达式为"真"时，反复执行循环体语句，否则结束循环。

2）do-while 语句。

格式：do{

　　　　循环体语句

　　　}while(条件表达式);

功能：执行循环体语句，直到条件表达式值为假时结束循环。

注意：do 语句的循环体语句至少会执行一次

3）for 语句。

格式：for(表达式 1;表达式 2;表达式 3)

　　　　{循环体语句}

功能：首先执行表达式 1，判断表达式 2 的值，若表达式 2 为"真"，则执行循环体语句，并执行表达式 3，然后重复计算表达式 2，直到表达式 2 的值为"假"时结束循环。

注意：若循环体语句由两条或以上的语句组成，需用复合语句{ }的形式。

2. 编程要点

先明确哪些操作需要反复执行和这些操作在什么情况下重复执行，从而写出循环体和循环条件。具体而言，首先分析题目：如果题目明确给出了循环次数，首选 for 语句；如果循环次数不明确，且循环前要先判断条件的，选用 while 语句；如果必须先进入循环，经循环体运算得到循环控制条件后，再判断是否进行下一次循环，使用 do-while 语句最合适。

3. 实验题解析

范例 1 读入一批正整数（以零或负数为结束标志），求其中的奇数和。

分析：

1）循环条件的确定：读入的数据（data）为正整数，即条件表达式为(data>0)。

2）循环体的剖析：①处理当前数据，进一步确定读入的数据是否为奇数，如果是奇数就进行累加。奇偶数的判断方法：对该数求 2 的余数，结果为 0 是偶数，否则是奇数。即用 data%2 是否为零来进行判断。②为下一次循环作准备，读入一个新数据。部分程序如下：

```
{if(data%2==1)
    sum=sum+data;
 scanf("%d",&data);}
```

3）选择合适的循环语句：题目要求读入一批数据，循环结构首先要判定结束标志，故采用 while 语句。

程序的参考代码为：

```
#include <stdio.h>
int main(void)
{
    int data,sum;
    sum=0;
    scanf("%d",&data);
    while(data>0)
    {
        if(data%2==1)
            sum=sum+data;
        scanf("%d",&data);
    }
    printf("sum=%d\n",sum);
    return 0;
}
```

范例 2 编写程序，根据以下公式求 e 的近似值。要求直到最后一项的值小于 10^{-4}。

$$e = 1 + \frac{1}{1!} + \frac{1}{2!} + \frac{1}{3!} + \cdots + \frac{1}{n!}$$

分析：

1）选择合适的循环语句：题目没有明确给出循环次数，而是取决于当前项的值是否满足精度的要求，所以采用 while 语句。

2）循环条件的确定：当前项的值小于 10^{-4} 结束循环，故 item>=1e-4。

3）循环体的剖析：进行逐项计算并累加。先采用递推的方法计算新项的值，即用上一轮循环得到的结果计算出当前项的值，再进行求和。

程序的参考代码为：

```
#include <stdio.h>
int main(void)
{
    int i;
    double item,e;
    e=1;item=1;i=1;
    while(item>=1e-4)
    {
        item=item/i;              /*采用递推的方法计算新的项值*/
        e=e+item;
        i++;
    }
    printf("e=%f\n",e);
    return 0;
}
```

范例3　输入一个正整数，依次输出该整数的每一位。例如，输入的数是 4567，则输出 7654。

分析：

为了实现逆序输出一个正整数，需要把该数按逆序逐位拆开，然后输出。在循环中每次分离一位，分离的方法是对 10 求余数。为了能继续用求余运算的方法分离下一位，需在每次循环中将该数的最末位舍去，即将该数除以 10。重复以上的步骤，直至该数最后变为 0，处理过程结束。

程序的参考代码为：

```
#include <stdio.h>
int main(void)
{
    int number,digit;
    scanf("%d",&number);
    while(number!=0)            /*直至该数最后变为 0*/
    {
        digit=number%10;       /*每次分离最末位*/
        printf("%d",digit);
        number=number/10;      /*将该数的最末位舍去*/
    }
    return 0;
}
```

范例4　输入两个正整数 m 和 n，求它们的最大公约数和最小公倍数。

分析：

通常用辗转相除法计算两个正整数 m 和 n 的最大公约数。其算法过程为：假设整数 data1 为被除数，整数 data2 为除数，temp 作两者的余数。

1）大数放 data1 中，小数放 data2 中；

2）将 data1%data2 的结果放在 temp 中；

3）若 temp 为 0，则 data2 中的数为最大公约数；

4）如果 temp 不为 0，则把 data2 的值给 data1，temp 的值给 data2；返回第 2 步。

最小公倍数为两个数的乘积除以最大公约数。

程序的参考代码为：

```c
#include <stdio.h>
int main(void)
{
    int m,n,data1,data2,temp,k;
    scanf("%d%d",&m,&n);
    if(m>n)
    {
        data1=m;data2=n;
    }
    else
    {
        data1=n;data2=m;
    }
    temp=data1%data2;
    while(temp!=0)
    {
        data1=data2;
        data2=temp;
        temp=data1%data2;
    }
    k=m*n/data2;
    printf("最小公倍数是%d\n 最大公约数是%d\n",k, data2);
    return 0;
}
```

【实验内容】

1）读入一批正整数（以零或负数为结束标志），求其中的奇数和。

输入/输出示例

输入：*input integers:* **1 3 90 7 0**

输出：the sum of odd numbers is 11

2）输入 2 个整数 a 和 n，求 a+aa+aaa+aa…a（n 个 a）之和。例如，输入 2 和 3，输出 246（2 + 22 + 222）。

提示：可以采用递推的方法计算当前项：item=item × 10+a。

输入/输出示例

输入：*input a,n:* **8 5**

输出：sum=98760

3）编写程序，计算 2/1+3/2+5/3+8/5+…的近似值。要求计算前 n 项之和，保留 2 位小数（该序列从第二项起，每一项的分子是前一项分子与分母的和，分母是前一项的分子）。

输入/输出示例

输入：*input n:* **10**

输出：sum=16.48

4）编写一个程序，找出被 2、3、5 整除时余数均为 1 的最小的 10 个自然数。

　　提示：题目要求找出符合条件的最小的 10 个自然数，并不表示只循环 10 次，故不宜使用 for 语句，而是 while 语句比较合适。

输入/输出示例

输出：1　31　61　91　121　151　181　211　241　271

　　5）输入一个正整数，求它的位数以及各位数字之和。例如，123 的位数是 3，各位数字之和是 6。

　　提示：同范例 3 基本思路一致，只是在循环体中增加了计位数与各位数字累加的工作。

输入/输出示例

输入：*input num:* **135**

输出：digit=3,sum=9

　　6）输入一个正整数，输出是否为素数。素数就是只能被 1 和它自身整除的数，1 不是素数，2 是素数。例如，5 是素数，8 不是素数。

输入/输出示例

第一次运行：

输入：**5**

输出：5 是素数

第二次运行：

输入：**8**

输出：8 不是素数

【实验结果与分析】

将源程序、运行结果以及实验中遇到的问题和解决问题的方法，写在实验报告上。

【思考题】

　　1）如果范例 3 改为输入一个整数，然后依次显示该整数的每一位。例如，输入的数是 4567，则输出 7654；如果输入的数是 –2345，则输出 5432–。程序又应做怎样的改动？

　　2）实验内容第 5）题，如果输入的数据为 123123123123，输出的结果会是什么？为什么？

　　3）改错题

从键盘读入一个整数，统计该数的位数。

输入/输出示例

第一次运行：

输入：*Enter a number:* **12534**

输出：It contains 5 digits.

第二次运行：

输入：*Enter a number:* **–99**

输出：It contains 2 digits.

源程序（有错误的程序）如下：

```
#include <stdio.h>
int main(void)
```

```
{
    int count, number;
    count=0;
    printf("Enter a number:");
    scanf ("%d", &number);
    if(number<0) number=-number;
    do{
        number=number%10;
        count++;
    }while(number==0);
    printf("It contains %d digits.\n", count);
    return 0;
}
```

4）改错题

输入一个整数，然后依次显示该整数的每一位。

输入/输出示例

第一次运行：

输入：*please input a integer:* **−2345**

输出：5432−

第二次运行：

输入：*please input a integer:* **4567**

输出：7654

源程序（有错误的程序）如下：

```
#include <stdio.h>
int main(void)
{
    int number,digit,sign;
    printf("please input a integer:");
    scanf("%d",&number);
    if(number<0)
        sign=-1;
    else
        sign=1;
    do
    {   digit=(number%10);
        printf("%d",digit);
        number/=10;
    }while(number = =0);
    if(sign==-1)
        printf("-");
    printf("\n");
    return 0;
}
```

4.2　嵌套循环

【实验目的】

1）理解并掌握嵌套循环的结构和执行流程。

2）理解并掌握 continue、break 的用法。

【实验指导】

1. 本实验适用的语法和语句

1）break 和 continue 语句在循环程序中的作用。

循环体内含有 break 语句，表示提前中止循环，执行循环语句的下一条语句；循环体内含有 continue 语句，表示跳过循环体中尚未执行的语句，继续下一次循环。

2）嵌套循环的执行过程。

对于最简单的二重循环而言，外层循环变量先固定在一个值上，然后执行内层循环，内层循环变量变化一个轮次；外层循环变量修改一次后，重新执行内层循环，内层循环变量再变化一个轮次。这样一直重复下去，直到外层循环变量不满足循环条件为止。对于三层甚至更多层的嵌套循环而言，执行过程是同理的。

3）嵌套循环的注意事项：

① 各层循环变量的名称不可同名。

② 内外层循环的初始化语句不要放错位置。外层循环的初始化语句要放在外层循环语句之前；而内层的初始化语句要放在外层循环的循环体内，内层循环语句之前。

2. 编程要点

多重循环的程序设计首先要分析实验题，理清不同数据处理的层次。然后先判定最外层循环变量的起点、终点和增量变化，再由外及内地逐层细化。

3. 实验题解析

范例 1　输入 2 个正整数 m 和 n（$m \geq 1$，$n < 1000$），输出 m 和 n 之间的所有水仙花数。所谓的水仙花数是指其各位数字的立方和等于此数本身，例如，$153 = 1^3 + 5^3 + 3^3$。

分析：

1）外层循环是从 m 到 n 的循环，内层是判断当前的数 i 是否是水仙花数，其中需要用循环语句来分离该数据。

2）由于循环的初始值和终止值在循环开始前都可以确定，故循环结构宜采用 for 循环语句。循环的初始值为 i = m，终止条件为 i<=n。

3）循环体的剖析：①当前数据 i 的处理——用循环语句来分离数据，以得到各位数字的立方和。②根据水仙花数的定义，判断当前数据是否为水仙花数，如果是则输出当前数据。

注意：对内层循环的初始化，应放在外层循环之内，内层循环之前。

程序的参考代码为：

```
#include <stdio.h>
#include <math.h>
int main(void)
{
    int m,n,i,data,sum;
    scanf("%d%d",&m,&n);
    for(i=m;i<=n;i++)                        /*外层循环*/
    {
        sum=0;                               /*内层循环的初始值位置*/
        data=i;
        while(data!=0)                       /*内层循环*/
            {
                sum=sum+pow(data%10,3);      /*分离整数并计算立方和*/
                data=data/10;
            }
        if(i==sum) printf("%4d",i);
    }
    return 0;
}
```

范例2 使用1、2、3、4这4个数字能组成多少个互不相同且无重复数字的三位数？输出这些三位数。

分析：

利用穷举法来求解该问题。用1、2、3、4的组合分别组成不同的三位数，只要个位、十位、百位的数字互不相同，就输出这个三位数。

程序的参考代码为：

```
#include <stdio.h>
int main(void)
{
    int i,j,k;
    for(i=1;i<5;i++)
        for(j=1;j<5;j++)
            for(k=1;k<5;k++)
                {
                    if(i!=k&&i!=j&&k!=j)
                        printf("%4d",i*100+j*10+k);
                }
    return 0;
}
```

范例3 输入正整数 n，输出 n 行 n 列的空心四边形图案。以下是 n 等于5的图案。

```
*****
*   *
*   *
*   *
*****
```

分析：

可用两重循环实现图案的输出要求。外循环表示行，内循环表示列。注意：第 1 行与最后一行要全部输出*号，而第 2~n-1 行仅第一列和最后一列才要输出*号。

程序的参考代码为：

```c
#include <stdio.h>
int main(void)
{
    int n,i,j;
    scanf("%d",&n);
    for(i=1;i<=n;i++)
    {
        for(j=1;j<=n;j++)
            if(i==1||i==n||j==1||j==n)
                printf("*");
            else
                printf(" ");
        printf("\n");
    }
    return 0;
}
```

【实验内容】

1）求 100 以内的全部素数，每行输出 10 个。素数就是只能被 1 和它自身整除的数，1 不是素数，2 是素数。

提示：使用二重循环嵌套，外层循环针对 2 ~ 100 之间的所有数，而内层循环对其中的每一个数判断其是否为素数，即判断 m 能否被 2 ~ $(m-1)$ 之间的数整除。

输入/输出示例

输出：

```
2   3   5   7   11  13  17  19  23  29
31  37  41  43  47  53  59  61  67  71
73  79  83  89  97
```

2）有一个四位数，千位上的数字和百位上的数字都被擦掉了，已知十位上的数字是 1，个位上的数字是 2，又知道这个数能被 7、8、9 整除。编写程序求这个四位数。

提示：利用穷举的法来求解该问题。

输入/输出示例

输出：digit= 1512

3）取 1 元、2 元和 5 元的纸币共 10 张，现要支付 15 元。编写程序输出所有的付法。针对每一种付法，输出各种面额的纸币数量。要求将 1 元、2 元和 5 元设置在最合理的取值范围内。

提示：利用穷举的法来求解该问题。

输入/输出示例（括号内为说明文字）

输入：*Input money*（支付金额）: 15

输出：

Count = 2（15 元有 2 种支付方法）

fen1：5 张　　　　fen2：5 张　　　　fen5：0 张

fen1：8 张　　　　fen2：1 张　　　　fen5：1 张

4）找出 200 以内所有完数，并输出其因子。若一个数的因子之和为该数本身，我们称其为完数。例如，6 = 1 + 2 + 3，其中 1，2，3 为因子。

提示： 使用二重循环嵌套，外层循环针对 2～200 之间的所有数，而内层循环对其中的每一个数判断其是否为完数，即判断 m 的每个因子之和是否等于 m。其中因子是 2~m/2 之间能被 m 整除的数。

输入/输出示例

输出：

1 = 1

6 = 1+2+3

28 = 1+2+4+7+14

5）编写程序显示下面的输出：

0

0 1

0 1 2

0 1 2 3

0 1 2 3 4

6）编写程序输出以下图案：

```
      *
     * * *
    * * * * *
   * * * * * * *
    * * * * *
     * * *
      *
```

提示： 注意找出行号和每行左边的空格的关系，行号和每行*号的关系。

【实验结果与分析】

将源程序、运行结果以及实验中遇到的问题和解决问题的方法，写在实验报告上。

【思考题】

1）范例 1 中，若将语句 sum=0;放在 for 循环语句外面，程序的结果会如何？data=i;所起的作用是什么？

2）如果要输出 n 行 n 列的实心四边形图案，如何修改范例 3 程序？

3）改错题

计算 $1! + 2! + 3! + \cdots + 100!$。

输入/输出示例

输出：$1! + 2! + 3! + \cdots + 100! = 9.42690\mathrm{e}{+}157$

源程序（有错误的程序）如下：

```c
#include <stdio.h>
int main(void)
{
    int i, j;
    double item, sum;
    sum=0;
    item=1;
    for(i=1; i<=100; i++){
        for(j=1; j<i; j++)
            item=item*j;
        sum=sum+item;
    }
    printf("1! + 2! + ... + 100! = %e\n", sum); /* 用指数形式输出结果 */
    return 0;
}
```

4）改错题

计算一个整数的各位数字之和，如输入 2568，该程序计算并显示 $2 + 5 + 6 + 8$ 的值。

输入/输出示例

输入：*please input a short type integer:* **2568**

输出：2+5+6+8=21

源程序（有错误的程序）如下：

```c
#include <stdio.h>
int main(void)
{
    int temp,number;
    int i,j,k;
    int count,sum;
    count = 0;sum = 0;
    printf("please input a short type integer:");
    scanf("%d",&number);
    temp=number;
    do
    {
        temp/=10;
        count++;
    }while (temp!=0);
```

```
        k=1;
        for(i=count;i>=1;i--)
        {
            for(j=1;j<i;j++)
                k=k*10;
            temp=number/k;
            printf("%d%c",temp,'+');
            sum=sum+temp;
            number=number-k*temp;
        }
        sum=sum+number;
        printf("%d=%d\n",number,sum);
        return 0;
    }
```

实验五　程序结构的综合练习

【实验目的】

1）熟练掌握顺序结构、分支结构（if，switch）、循环结构（while，do-while，for）的综合应用。

2）熟练掌握 break 和 continue 控制语句的使用。

3）熟练掌握分支结构和循环结构的一些常用算法。

4）熟练掌握 C 语言集成开发环境中的程序调试方法。

【实验指导】

1. 本实验适用的语法和语句

1）一个程序应该包括：

① 对数据的描述。指定数据的类型和其组织形式，即数据结构。

② 对操作的描述，即操作步骤，也称为算法。

所以：程序= 数据结构+算法。

2）算法是一套操作方案，是为解决一个问题而采取的方法和步骤。算法具有以下特点：

① 有穷性。一个算法应包含有限的操作步骤，而不能是无限的。

② 确定性。算法中的每一个步骤都应当是确定的。

③ 有零个或多个输入。从外界取得必要的信息，可以是多个，也可以没有。

④ 有一个或多个输出。至少有一个输出，即算法所得的结果。

⑤ 有效性。算法中的每一个步骤都必须能有效地执行，并有确定的结果。

3）要精心地准备调试程序所用的数据。

这些数据包括程序调试时要输入的具有典型性和代表性的数据及相应的预期结果。例如，选取适当的数据保证程序中每条可能的路径都至少执行一次并使得每个判定表达式中条件的各种可能组合都至少出现一次。要选择"边界值"，即选取刚好等于、稍小于、稍大于边界值的数据。经验表明，处理边界情况时程序最容易发生错误。通过这些数据的验证，可以看到程序在各种可能条件下的运行情况，暴露程序错误的可能性更大，从而提高程序的可靠性。

2. 编程要点

从数据的类型及其组织形式来分析实验题，定义对应类型的变量。找到解决实验问题的方法和具体步骤，同时注意算法的几个特点，程序正常运行后还需做数据测试。

3. 实验题解析

范例 1 输入一个英文字符，求它的前驱字符和后继字符。

分析：

1）数据的类型及其组织形式。处理的数据都是字符，应定义为字符类型的三个变量，分别存放输入的一个字符 ch、它的前驱字符 ch_before 和后继字符 ch_follow。

```
char ch,ch_before,ch_follow;
```

2）算法和具体步骤。字符在内存中存放的是它的 ASCII 码，无论大小英文字符的 ASCII 码都是连续的（参见附录 ASCII 表），因此：

```
ch_before=ch-1;
ch_follow=ch+1;
```

不过，当 ch_before<'a' 或者 ch_before<'A' 时，前驱字符应该是'z'或'Z'，即 ch_before=ch_before+26。

同样，当 ch_follow >'z'或者 ch_follow >'Z'时，后继字符应该是'a'或'A'，即 ch_follow = ch_follow −26。

另外，当输入字符不是英文字符时，要有对应的处理。一般可以重新输入。

程序的参考代码为：

```
#include <stdio.h>
int main(void)
{
    char ch,ch_before,ch_follow;
    ch=getchar();
    while(!((ch>='a'&&ch<='z')|| (ch>='A'&&ch<='Z')))
    {
        printf("请输入英文字母! \n");
        ch=getchar();                    /*不是英文字符时，重新输入*/
        ch=getchar();                    /*输入非英文字符后的回车不处理*/
    }
    ch_before=ch-1;
    ch_follow=ch+1;
    if(ch_before<'A'|| (ch_before<'a'&& ch_before>'Z'))
        ch_before= ch_before+26;
    if(ch_follow >'z'||(ch_follow >'Z'&& ch_follow <'a'))
        ch_follow = ch_follow -26;
    printf("%c %c %c\n",ch_before,ch,ch_follow);
    return 0;
}
```

3）数据测试。

9 不是英文字符，输入 9 时程序应该要求重新输入。（注意显示提示信息）

a 和 z 是边界值，输入后验证程序是否正确。

【实验内容】

1）输入两个整型变量 a，b 的值，输出 a+b，a-b，a*b，a/b，(float)a/b，a%b 的结果。要求算式的结果连同算式一起输出，每个算式占一行。

输入/输出示例

输入：*Input a b:* **13 5**

输出：

13+5=18

13-5=8

13*5=65

13/5=2

(float)13/5=2.600000

13%5=3

2）求前驱字符和后继字符。输入一个英文字符，找出它的前驱字符和后继字符，并按字符的 ASCII 码值从大到小的顺序输出这三个字符及其对应的 ASCII 码值。

输入/输出示例

输入：*Input a character：* **a**

输出：z,b,a,122,98,97

3）输入某个点 A 的平面坐标（x，y），判断（输出）A 点是在圆内、圆外还是在圆周上，其中圆心坐标为（2，2），半径为 1 。

输入/输出示例

第一次运行：

输入：*输入点坐标:* **2.0　3.0**

输出：圆周上

第二次运行：

输入：*输入点坐标:* **2.1　2.2**

输出：圆内

第三次运行：

输入：*输入点坐标:* **3.0　3.0**

输出：圆外

4）求爱因斯坦数学题。有一条长阶，若每步跨 2 阶，则最后剩余 1 阶；若每步跨 3 阶，则最后剩 2 阶；若每步跨 5 阶，则最后剩 4 阶；若每步跨 6 阶，则最后剩 5 阶；若每步跨 7 阶，最后正好一阶不剩。求长阶的阶梯数目（假设在 300 以内）。

输入/输出示例

输出：119

5）输入一个三位数，判断是否是一个"水仙花数"。水仙花数是指三位数的各位数字的立方和等于这个三位数本身。例：153=1*1*1+5*5*5+3*3*3。

输入/输出示例

第一次运行：

输入：**370**

输出：YES

第二次运行：

输入：**541**

输出：NO

6）输入一个正整数，判断其中各位数字是否奇偶数交替出现。是奇偶交替出现，输出"YES"，否则输出 "NOT"。

输入/输出示例

第一次运行：

输入：*Input an integer*：**2143**

输出：YES

第二次运行：

输入：*Input an integer*：**1038**

输出：YES

第三次运行：

输入：*Input an integer*：**22345**

输出：NOT

【实验结果与分析】

将源程序、运行结果以及实验中遇到的问题和解决问题的方法，写在实验报告上。

【思考题】

1）范例 1 程序中，if(ch_before<'A'|| (ch_before<'a'&& ch_before>'Z')），改为 if(ch_before<'A'|| ch_before<'a')行吗？为什么？

2）改错题

改正下列程序中的错误，找出 200 以内所有的完数，并输出其因子。一个数若恰好等于其因子之和，即称之为完数。例如，6=1+2+3，其中 1、2、3 为因子，6 为因子之和。

输入/输出示例

输出：1 = 1

6 = 1 + 2 + 3

28 = 1 + 2 + 4 + 7 + 14

源程序（有错误的程序）如下：

```c
#include <stdio.h>
int main(void)
{
    int i,j, s=1;
    for(i=1; i<=200; i++) {
```

```
    for(j=2; j<=i/2; j++)
        if(i/j==0) s=s+j;
        if(s==i) {
            printf("%d=1", i);
    for(j=2; j<=i/2; j++) {
        if(i/j==0)printf("+%d", j);
        printf("\n");
        }
    }
    return 0;
}
```

实验六 数组

6.1 一维数组

【实验目的】

1）掌握一维数组的定义、赋值和输入/输出的方法。

2）熟练掌握与一维数组有关的操作和算法（如排序算法）。

【实验指导】

1. 本实验适用的主要语法和语句

1）一维数组的定义。

格式：类型标识符　数组名[常量表达式]

例如：int a[10] 定义了有 10 个整数的数组 a，下标从 0 到 9，数组元素分别为 a[0]，a[1]，…，a[9]。

注意：下标从 0 开始，到 9 结束，不可越界。

2）数组元素的初始化。

① 定义的时候初始化：

```
int a[10]={1,2,3,4,5,6,7,8,9,10}
```

② 通过键盘输入初始化：

```
for(i=0;i<10;i++)
    scanf("%d",&a[i]);
```

③ 通过程序初始化为特定值：

```
for(i=0;i<10;i++)
    a[i]=0;
```

3）数组的处理。

因为数组元素具有相同的数组名，不同的只是下标，一般采用 for 循环方式进行处理。

① 查找数组元素中最小的元素：

```
min=a[0];
for(i=1;i<10;i++)
    if(a[i]<min)
        min=a[i];
```

② 查找数组元素中最小的元素及其下标：

```
index=0;
for(i=1;i<10;i++)
    if(a[i]<a[index])
        index=i;
```

③ 查找数组元素中最小的元素及其下标，并将其与第一个元素交换：

```
index=0;
for(i=1;i<10;i++)
    if(a[i]<a[index])
        index=i;
t=a[0];
a[0]=a[index];
a[index]=t;
```

2. 编程要点

编程时要严格区分数组的定义和数组元素的引用，数组的长度在定义时必须确定，如果无法确定需要处理的数据数量，至少也要估计其上限，并将上限作为数组的长度。对数组的引用离不开循环，将数组的下标作为循环变量，就可以对数组的所有元素逐个处理，实现具体的功能。

3. 实验题解析

范例1　定义一个数组 a[10]，输入 10 个数存放到数组中，再输出这 10 个数。

分析：

1）定义数组。需要考虑数组存放什么类型的数据（可以是整型，浮点型，字符型），以及存放多少数据。这道题里，我们需要定义数组存放 10 个整型数据，所以数组定义为 int a[10]。

2）数组元素的初始化。数组元素的初始化有三种方式，参见本实验适用的主要语法和语句。这里，我们采用第二种方式，通过键盘输入初始化，即采用 for 循环对数组元素逐个赋值。

```
for(i=0;i<=9;i++)
    scanf("%d",&a[i]);
```

3）数组的处理。这道题目比较简单，只需要逐个输出数组元素。可采用 for 循环实现。

程序的参考代码为：

```
#include <stdio.h>
int main(void)
{
    int a[10],i;
    for(i=0;i<=9;i++)
        scanf("%d",&a[i]);
    for(i=0;i<=9;i++)
        printf("%4d",a[i]);
    return 0;
}
```

范例2　输入一个正整数 n（$1<n\leqslant10$），再输入 n 个整数，输出平均值。

分析：

1）定义数组。

数组在定义时必须明确数组元素的个数，题目虽然要求存放的个数 n 是不确定的（由程序运行时输入确定），但在定义时不能定义为：int a[n]（切记：这样定义编译是不通过的）。由于输入的正整数要求大于 1 且小于 10，故我们可以将这个整数的上限值作为数组的长度。将数组定义为 int a[10]。

2）数组元素的初始化。

采用 for 循环对数组元素逐个赋值：

```
for(i=0;i<n;i++)
    scanf("%d",&a[i]);
```

注意： 变量 n 需要在循环前通过 scanf 赋值。

3）数组的处理。

要输出平均值，首先需要计算这 n 个整数的和，采用 for 循环实现累加求和。

程序的参考代码为：

```
#include <stdio.h>
int main(void)
{
    int a[10],i,n,sum=0,avg;
    scanf("%d",&n);
    for(i=0;i<n;i++)
        scanf("%d",&a[i]);
    for(i=0;i<n;i++)
        sum=sum+a[i];
    avg=sum/n;
    printf("avg=%d\n",avg);
    return 0;
}
```

范例 3 在键盘上输入 N 个整数，编写程序使该数组中的数按照从大到小的顺序排列。

分析：

1）数组的定义。

C 语言中数组长度必须是确定大小，即指定 N 的值。我们可以采用范例 2 的方法，也可以采用下述的方法：

```
#define N 10 /*宏定义命令，其功能是用 N 代表数据 10*/
int a[N];
```

2）数组的赋值。

```
for(i=0;i<N;i++)   /*输入 N 个数组元素，为提高实验效率，也可以改为直接初始化*/
    scanf("%d",&a[i]);
```

3）数组的处理。

排序的方法有多种，在此我们列出两种常见的算法作为参考。

① 冒泡排序算法：从第一个数开始依次对相邻两数进行比较，如次序对则不做任何操作；如次序不对则将这两个数交换位置。第一遍的（N-1）次比较后，最大的数已放在最后，第二

遍只需考虑（N-1）个数，依此类推直到第（N-1）遍比较后就可以完成排序。

程序如下：

```
for(i=0;i<N-1;i++)
    for(j=0;j<N-1-i;j++)
    {
        if(a[j]>a[j+1])
        {
            temp=a[j];a[j]=a[j+1];a[j+1]=temp;
        }
    }
```

② 选择排序算法：首先找出值最小的数，然后把这个数与第一个数交换，这样值最小的数就放到了第一个位置；然后，在从剩下的数中找值最小的，把它和第二个数互换，使得第二小的数放在第二个位置上。依此类推，直到所有的值以从小到大的顺序排列为止。

```
for(i=0;i<N-1;i++)
{
    index=i;
    for(j=i+1;j<N;j++)
        if(a[j]<a[index])
            index =j;
    if(index!=i)
        {temp=a[index];a[index]=a[i];a[i]=temp;}
}
```

4）输出排序后的数组。

```
printf("the array after sort:\n");
for(i=0;i<N;i++)
    printf("%5d",a[i]);
printf("\n");
}
```

程序的完整参考代码为：

```
#include <stdio.h>
#define N 10 /*预定义命令，其功能是用 N 代表数据10*/
int main(void)
{
    int a[N],i,j,temp;
    for(i=0;i<N;i++) /*输入 N 个数组元素，为提高实验效率，也可以改为直接初始化。*/
        scanf("%d",&a[i]);
    for(i=0;i<N-1;i++)                        /* 冒泡排序 */
        for(j=0;j<N-1-i;j++)
        {
            if(a[j]>a[j+1])
            {
                temp=a[j];a[j]=a[j+1];a[j+1]=temp;
            }
        }
    printf("the array after sort:\n");        /* 排序后输出 */
    for(i=0;i<N;i++)
        printf("%5d",a[i]);
```

```
    printf("\n");
    return 0;
}
```

【实验内容】

1）定义一个数组 int a[5]，输入 5 个整数，输出这 5 个整数的和。

输入/输出示例

输入：*Input 5 integers*：**8 6 5 4 1**

输出：sum = 24

2）定义一个数组 int a[5]，输入 5 个整数，输出最小值及其下标(设最小值唯一，下标从 0 开始)。

输入/输出示例

输入：*Input 5 integers*：**5 7 9 1 6**

输出：min = 1，index = 3

3）输入一个正整数 n（1<n≤10），再输入 n 个整数，将最大值与第一个数交换，然后输出交换后的 n 个数。

输入/输出示例

输入：

Input n：**7**

Input 7 integers：**5 7 2 8 9 3 1**

输出：

After swapped：9 7 2 8 5 3 1

4）输入一个正整数 n（1<n≤10），再输入 n 个数，逆序重新存放并输出这些数。

输入/输出示例

输入：

Input n：**5**

Input 5 integers：**8 9 5 10 1**

输出：

After reversed：1 10 5 9 8

5）在键盘上输入 n（1<n≤10）个整数，将它们按照从大到小的次序排序后输出。要求：采用冒泡排序法。

输入/输出示例

输入：

Input n：**5**

Input 5 integers：**8 6 9 11 3**

输出：

After sorted：11 9 8 6 3

6）（选作）已有一个已按递增排序的数组，输入一个数 x，要求按原来排序的规律将它插入数组中。

输入/输出示例

输入：

original sorted sequence：**5 7 9 13 15**

input a digter x：**11**

输出：

After inserted sequence：**5 7 9 11 13 15**

【实验结果与分析】

将源程序、运行实验中遇到的问题和解决问题的方法，写在实验报告上。

【思考题】

1）如果范例 3 中#define N 10 没有，会出现什么情况？为什么？

2）改错题

设 a 是一个整型数组，n 和 x 都是整数，数组 a 中各元素的值互异。在数组 a 的元素中查找与 x 相同的元素，如果找到，输出 x 在数组 a 中的下标位置；如果没有找到，输出"没有找到与 x 相同的元素！"

输入/输出示例

第一次运行：

输入：

输入数组元素的个数：**5**

输入数组 5 个元素：**8 6 9 11 3**

输入 x：**9**

输出：和 9 相同的数组元素是 a[2]=9

第二次运行：

输入：

输入数组元素的个数：**5**

输入数组 5 个元素：**8 6 9 11 3**

输入 x：**12**

输出：没有找到与 12 相等的元素！

源程序（有错误的程序）如下：

```
#include <stdio.h>
int main(void)
{
    int i, x, n, a[n];
    printf("输入数组元素的个数: ");
    scanf("%d", &n);
    printf("输入数组%d个元素: ",n);
    for(i=0; i<n; i++)
        scanf("%d", &a[i]);
    printf( "输入x: " );
    scanf("%d", &x);
```

```
for(i=0; i<n; i++)
    if(a[i]!=x)break;
if(i!=n)
    printf( "没有找到与%d相等的元素!\n", d);
else
    printf( "和%d相同的数组元素是a[%d]=%d\n", x, i, a[i]);
return 0;
}
```

3）将改错题程序中的 break 语句去掉，输出结果有变化吗？假设输入数据不变，输出什么？

 ## 6.2　字符串和二维数组

【实验目的】

1）掌握字符串的定义和使用。
2）掌握二维数组的编程。

【实验指导】

1. 本实验适用的主要语法和语句

1）一维字符数组和字符串的区别。

字符串常量是用双引号括起来的一串字符，通常用一维字符数组来存放并自动添加'\0'，作为字符串的结束标记。

字符数组与一般数组的处理方法不同在于：程序是对字符串的结束标记'\0'进行判断来结束对该字符数组的处理，而与字符的个数（即字符串长度）无关。因此，编写字符数组的处理程序常被要求为能处理不同字符串长度的通用程序。

2）字符串的输入（以回车结束的字符串）。

```
char ch[80];
i=0;
while((ch[i]=getchar())!='\n')
    i++;
ch[i]='\0';
```

3）字符串的循环判断条件。

```
for(i=0;ch[i]!='\0';i++)
    putchar(ch[i]);
```

4）二维数组的处理。

因为二维数组存在 2 个下标，一般是通过嵌套循环来处理。

```
int a[6][6];
for(i=0;i<6;i++)
    for(j=0;j<6;j++)
        scanf("%d",&a[i][j]);
```

2. 编程要点

一维字符数组用于存放字符型数据。它的定义、初始化和引用与其他类型的一维数组一样。字符串是一个特殊的一维字符数组，当把字符串存入数组后，需要通过检测字符串结束符'\0'来判断是否结束对该字符数组的操作。

对于二维数组的实验题，通常将二维数组的行下标作为外循环变量，将二维数组的列下标作为内循环变量，通过二重循环，就可遍历二维数组的所有元素，实现具体的功能。

3. 实验题解析

范例1 输入一串字符，统计其中空格的个数。

分析：

1）字符数组的定义，采用类型标识符 char。

```
char ch[80];
```

2）字符数组的赋值。循环输入字符，一般用回车'\n'表示字符输入结束。

```
i=0;
while((ch[i]=getchar())!='\n')
    i++;
```

最后在字符串末尾需要加入字符串结束标记'\0'，所以在循环结束后加上 ch[i]='\0';。

3）数组的处理。

需要从第一个字符开始，循环判断数组元素是否为空格' '，是空格计数器加 1，不是空格什么也不做，直到字符串结束。

```
for(i=0;ch[i]!='\0';i++)
    if(c[i]==' ') sum=sum+1;
```

程序的完整参考代码为：

```
#include <stdio.h>
int main(void)
{
    char ch[80];
    int i,sum;
    sum=0;
    i=0;
    while((ch[i]=getchar())!='\n')
        i++;
    ch[i]='\0';
    for(i=0;ch[i]!='\0';i++)
        if(ch[i]==' ') sum=sum+1;
    printf("%d\n",sum);
    return 0;
}
```

范例2 编写程序，将两个字符串连接起来，不使用 strcat()函数。

分析：

1）字符数组的定义。采用类型标识符 char，需要定义两个字符数组。

```
char s1[80],s2[80];
```

2）字符数组的赋值。循环输入字符，一般用回车'\n'表示字符输入结束。

```
i=0;
while((s1[i]=getchar())!='\n')
    i++;
s1[i]='\0';
```

注意：在字符串末尾需要加入字符串结束标记'\0'。

同理，s2 的赋值跟 s1 的赋值方法相同。

3）数组的处理。

该题目需要将 s2 的字符附加到 s1 的后面，因此，首先要找到 s1 的最后一个元素的下标；

```
i=0;
while(s1[i]!='\0')
    i++;
```

然后从结束符'\0'的位置开始，通过循环语句依次将 s2 数组元素从第一个开始赋值到 s1 数组中，直到 s2 结束；

```
while(s2[j]!='\0')
    s1[i++]=s2[j++];
```

最后给 s1 加上字符串结束标记。

```
s1[i]='\0';
```

程序的完整参考代码为：

```
#include <stdio.h>
int main(void)
{
    char s1[80],s2[80];
    int i,j,sum;
    sum=0;
    i=0;
    while((s1[i]=getchar())!='\n')
        i++;
    s1[i]='\0';
    i=0;
    while((s2[i]=getchar())!='\n')
        i++;
    s2[i]='\0';
    i=0;
    while(s1[i]!='\0')
        i++;
    j=0;
    while(s2[j]!='\0')
        s1[i++]=s2[j++];
    s1[i]='\0';
    for(i=0;s1[i]!='\0';i++)
        printf("%c",s1[i]);
    printf("\n");
    return 0;
}
```

范例 3 有一个 3×4 的矩阵，要求输出其中值最大的元素的值，以及它的行号和列号。

分析：

1）数组的定义。

```
int a[3][4];
```

2）数组的赋值。

```
for(i=0;i<3;i++)
    for(j=0;j<4;j++)
        scanf("%d",&a[i][j]);
```

3）数组的处理。

首先假设最大值为第一行第一列的元素 a[0][0]，即 max=a[0][0];然后循环遍历 3 行 4 列的各个元素，如果元素大于最大值 max，则修改最大值，同时记录最大值所在的行号和列号。

```
for(i=0;i<3;i++)
    for(j=0;j<4;j++)
        if ( a[i][j]>max)
            {max= a[i][j];r=i;c=j;}
```

最后输出最大值和最大值所在的行号和列号。

程序的参考代码为：

```
#include <stdio.h>
int main(void)
{
    int a[3][4];
    int i,j,max,r,c;
    for(i=0;i<3;i++)
        for(j=0;j<4;j++)
            scanf("%d",&a[i][j]);
    max=a[0][0];
    for(i=0;i<3;i++)
        for(j=0;j<4;j++)
            if ( a[i][j]>max)
                {max= a[i][j];r=i;c=j;}
    printf("max=%d,row=%d,col=%d\n",max,r,c);
    return 0;
}
```

【实验内容】

1）输入一个以回车结束的字符串（少于 80 个字符），统计其中大写字母的个数。

输入/输出示例

第一次运行：

输入：*Input a string*：**Hello My Friend**

输出：count = 3

第二次运行：

输入： *Input a string*：**programming**

输出：count = 0

2）输入一个以回车结束的字符串（少于 80 个字符），再输入一个字符，在字符串中查找该字符。如果找到，则输出该字符在字符串中所对应的最大下标（下标从 0 开始）；否则输出"Not found"。

输入/输出示例

第一次运行：

输入：

Input a string： **programming**

Input a character： **m**

输出：index = 7

第二次运行：

输入：

Input a string： **1234**

Input a character： **a**

输出：Not found

3）输入一串字符，直到读到句号为止，记录下这串字符中是字母或是数字的所有字符，然后把这些字符按与输入相反的次序输出。

输入/输出示例

输入：*Input a string：* **1 + 2 = 3 abc/ABC.**

输出：CBAcba321

4）读入一个正整数 n（$1 \leqslant n \leqslant 6$），再读入 n 阶矩阵 a，计算该矩阵主对角线和副对角线的所有元素之和（主对角线为从矩阵的左上角至右下角的连线，副对角线为从矩阵的右上角至左下角的连线）。

输入/输出示例

输入：

Input n： **4**

Input array：

2 3 4 1

5 6 1 1

7 1 8 1

1 1 1 1

输出：sum = 21

5）读入一个正整数 n（$1 \leqslant n \leqslant 6$），再读入 n 阶矩阵 a，如果 a 是上三角矩阵，输出"YES"；否则，输出"NO"（上三角矩阵，即主对角线以下的元素都为 0）。

输入/输出示例

第一次运行：

输入：

Input n： **3**

Input array：

1 2 3

0 4 5

0 0 6

输出：YES

第二次运行：

输入：

Input n：**2**

Input array：

1 0

−8 4

输出：NO

6）设 a 是二维整型数组，n（1≤n≤6）和 x 都是整数，数组 a 种各元素的值互异。在数组 a 的元素中查找与 x 相同的元素，如果找到，输出 x 在数组 a 中的位置；如果没有找到，输出 "Not found"。

输入/输出示例

第一次运行：

输入：

Input n：**3**

Input array：

1 2 3

8 4 5

9 11 6

Input x：**5**

输出：和 5 相同的数组元素是 a[1][2]=5

第二次运行：

输入：

Input n：**3**

Input array：

1 2 3

8 4 5

9 11 6

Input x：**12**

输出：Not found

【实验结果与分析】

将源程序、运行结果以及实验中遇到的问题和解决问题的方法，写在实验报告上。

【思考题】

1）范例 2 中的 ch[i]='\0';能否省略？为什么？

2）给二维数组赋值时，如果把列下标作为外循环的循环变量，行下标作为内循环的循环变量，输入的数据在二维数组中如何存放（举例说明）？

3）改错题

输入一个以回车结束的字符串（少于 80 个字符），把字符串中所有数字字符（0~9）转换为整数，去掉其他字符。

输入/输出示例

输入：**3a5b6abc**

输出：356

源程序（有错误的程序）如下：

```c
#include <stdio.h>
#include <string.h>
int main(void)
{
    int i, s;
    char str[80];
    i=0;
    while((str[i]=getchar( ))!='\n')
        i++;
    str[i]='\0';
    for(i=0; i<80; i++)
        if(str[i]<='0'||str[i]>='9')
            s=s*10+str[i];
    printf("%d",s);
    return 0;
}
```

4）改错题

输入 2 个正整数 m 和 n（m≥1，n≤6），然后输入该 m 行 n 列二维数组 a 中的元素，分别求出各行元素之和并输出。

输入/输出示例

输入：

Input m，n： **3 2**

Input array：

6 3

8 4

9 11

输出：

sum of 1 is 9

sum of 2 is 12

sum of 3 is 20

源程序（有错误的程序）如下：

```c
#include <stdio.h>
int main(void)
{
    int a[6][6], i, j, m, n, sum;
    printf("input m, n:");
    scanf("%d%d",&m,&n);
    printf("input array:\n");
    for(i=0;i<m;i++)
        for(j=0;i<n;j++)
            scanf("%d",&a[i][j]);
        sum=0;
        for(i=0;i<m;i++){
            for(j=0;j<n;j++)
                sum=sum+a[i][j];
            printf("sum of row %d is %d\n",i,sum);
        }
    return 0;
}
```

实验七　函数

【实验目的】

1）熟练掌握函数的定义和调用。

2）熟练掌握使用函数编写程序。

3）掌握函数的实参、形参、返回值的概念及使用。

【实验指导】

1. 本实验适用的语法和语句

1）函数的三要素：函数值（函数执行后返回的值）、函数名、形式参数（自变量）。

如：int countdigit (int number,int digit)

① 函数名：符合规则的标识符，最好能代表函数功能的含义的，如示例 countdigit 英文意思是计算数字的个数。

② 形式参数（自变量）：被处理的数据变量类型与名称，如(int number,int digit)。

③ 函数值（函数的值域）：函数被调用执行后得到的值的类型与范围，如 int 就表示执行完后会得到一个整型数。

2）内部函数（库函数）。

内部函数通过查阅附录，弄清函数值、函数名、参数类型与个数三要素后调用，并注意要包含相应的头文件。

3）外部函数或自定义函数。

① 根据功能需求确定三要素。

② 编写函数功能：就像写主函数 main()一样，只是被处理的数据不是由键盘输入，而是由主调函数通过值传递的方式给被调函数的形参赋值，完成对数据的处理。

2. 编程要点

在编写自定义函数时，应依据实验指导的步骤确定三要素。函数必须先定义后调用，将主调函数放在被调函数的后面，就像变量先定义后使用一样。如果自定义函数在主调函数的后面，就需要在函数调用前，加上函数原型声明。

确定自定义函数处理算法：在整个程序中，子函数应该是可以重复使用的独立的功能模块，计算机在执行程序时，从主函数 main()开始执行，如果遇到某个函数调用，主函数被暂停执行，转而执行相应的函数，该函数执行完后，将返回主函数，然后再从原先暂停的位置继续执行。

因此在设计算法之前需要将这个独立功能分离出来，并做好输入/输出的接口。

3. 实验题解析

范例 1 输入精度 e，使用格里高利公式求 π 的近似值，精确到最后一项的绝对值小于 e。要求定义和调用函数 funpi(e) 求 π 的近似值。

$$\frac{\pi}{4} = 1 - \frac{1}{3} + \frac{1}{5} - \frac{1}{7} + \dots$$

分析：

解决问题的主要功能部分都定义在子函数 funpi(e) 中，该函数输入参数为精度 e，double 型，输出的返回值应该是 double 型的 π 的值，主函数只完成输入 e 和输出最终结果的任务。

程序的参考代码为：

```c
#include <stdio.h>
#include <math.h>
double funpi (double e)
{   int denominator, flag;
    double item, sum;
    flag=1;
    denominator=1;
    item=1.0;
    sum=0;
    while(fabs(item)>=e){
        item=flag*1.0/denominator;
        sum=sum+item;
        flag=-flag;
        denominator=denominator+2;
    }
    return sum*4;
}
int main (void)
{   double e, pi;
    double funpi (double e);
    scanf("%lf",&e);
    pi=funpi(e) ;
    printf("pi=%f\n ",pi);
    return 0;
}
```

范例 2 读入一个整数，统计并输出该数中 3 的个数。要求定义并调用函数 countdigit(number,digit)，它的功能是统计整数 number 中数字 digit 的个数。

例如，countdigit（33233,3）的函数返回结果是 4。

分析：

设计一个独立的统计数字位数的函数，选择合适的循环语句。题目要求读入一个整数，但不知道具体位数，所以就不知道执行循环的次数，且整数位数至少是 1，故循环结构采用 do-while 语句。

程序的参考代码为：

```
#include <stdio.h>
int countdigit(int number,int digit)
{
    int count=0;
    if(number<0) number=-number;
        do
        {
            if(number%10==digit) count++;
            number=number/10;
        }while(number!=0);
    return count;
}
int main(void)
{
    int number;
    printf(" enter an integer: ");
    scanf("%d",&number);
    printf(" 数字 3 的个数为:%d \n ",countdigit(number,3));
    return 0;
}
```

思考：若要统计任意数字个数的程序应该如何修改，以下是主函数的参考代码，请思考如何修改自定义函数 countdigit(number,digit)。

```
int main(void)
{
    int number,digit;
    printf("enter an integer and digit: ");
    scanf("%d%d",&number,&digit);
    printf("%d 中数字%d 的个数为: %d\n",number,digit,countdigit(number,digit));
    return 0;
}
```

【实验内容】

1）定义一个函数 int fun(int n)，用来计算整数的阶乘，在主函数中输入一个变量 x，调用 fun(x)输出 x 的阶乘值。

输入/输出示例

输入：*Input n*：**5**

输出：5! = 120

2）定义一个计算两个整数的和的函数 int sum(int a,int b)，在主函数中输入两个整数 x 和 y，调用 sum(x,y)输出 x+y 的和。

输入/输出示例

输入：*Input m，n*：**5 3**

输出：sum = 8

3）定义一个函数 int isprime(int n)，用来判别一个正整数 *n* 是否为素数，若为素数函数返回值为 1，否则为 0。在主函数中输入一个整数 x，调用函数 isprime(x)来判断这个整数 x 是不是素数，给出判断结果。（素数是指在一个大于 1 的自然数中，除了 1 和此整数自身外，不能被其他自然数整除的数。）

输入/输出示例

第一次运行：

输入：**12**

输出：NO

第二次运行：

输入：**37**

输出：YES

4）输入一批正整数（以零或负数为结束标志），求其中的奇数和。要求定义和调用函数 int even(int n)判断整数 n 的奇偶性，当为偶数时返回 1，否则返回 0。

输入/输出示例

输入：**11 3 7 6 8 9 11 0**

输出：sum = 41

5）定义一个函数 int isprime(int n)，用来判别一个正整数 n 是否为素数。在主函数中输入两个正整数 m 和 n（$m \geq 1$，$n \leq 600$），统计并输出 m 和 n 之间的素数的个数以及这些素数的和。

输入/输出示例

输入：*Input m，n*：**2 10**

输出：count = 4 ，sum = 17

6）（选作）验证哥德巴赫猜想。定义一个函数 int isprime(int n)，用来判别一个正整数 n 是否为素数。调用该函数，输出 8～100 之间的每一个偶数都可以表示为两个素数之和。

【实验结果与分析】

将源程序、运行结果以及实验中遇到的问题和解决问题的方法，写在实验报告上。

【思考题】

1）若将范例 2 中 countdigit()函数的功能修改为计算输入整数的任意数字的个数，程序如何修改？

2）若将范例 2 中 countdigit()函数的功能修改为计算输入整数的位数是多少，程序将如何修改？（提示：此时输入参数只有一个整数 number）

3）改错题

改正下列程序中的错误，计算 1! +2! +…+10!的值，要求定义并调用函数 fact(n)计算 n!，函数类型是 double。

输入/输出示例

输出：1! +2! +…+10! = 4037913.000000

源程序（有错误的程序）如下：

```
#include <stdio.h>
double fact(int n)
int main(void)
{
```

```
    int i;
    double sum;
    for(i=1; i<10; i++)
        sum=sum+fact(i);
    printf("1!+2!+…+10!= %f\n", sum);
    return 0 ;
}

double fact(int n);
{
    int i;
    double result;
    for(i=1; i<=n; i++)
        fact(n)=fact(n)*i;
    return result;
}
```

实验八 指针的应用

【实验目的】

1）掌握指针的概念及指针的定义、使用方法。
2）熟悉指针的运算（取地址运算&、取内容运算*、指针移动的运算等）。
3）掌握通过指针操作一维数组元素的方法。
4）熟悉数组名作为函数参数的编程方式。

【实验指导】

1. 本实验适用的语法和语句

1）指针变量的定义。
格式：数据类型 *指针变量名；
注意：这里的"数据类型"是指指针变量所指向的变量的数据类型，如 char *pc;即定义一个指针变量 pc，pc 是一个指向字符类型数据的指针变量。

2）指针的基本运算。

① 取地址运算。

```
int *p,a=3;
p=&a;
```

取地址运算符为"&"，变量 a 所存放的内存单元地址可用&a 表示。这里将整型变量 a 的地址赋给整型指针 p，使指针 p 指向变量 a。

② 间接访问运算。即通过变量的地址访问变量，间接访问的运算符为"*"，当 p 指向 a 时（即执行 p = &a 语句后），*p 和 a 访问同一个存储单元，*p 的值就是 a 的值。

3）用指针变量引用一维数组元素：

数组名是数组首地址，若定义 int a[100]; *p=a;那么 p 就指向数组 a 的首地址。在指向关系成立的情况下，用指针访问数组元素和用数组下标访问数组元素的效果是一样的。例如，指针 p 可以采用下面的方式访问数组元素：

① p + i 等价于 a + i，取第（i +1）个元素的地址，即&a[i]；
② *(p + i) 等价于*(a + i)，都是访问第（i +1）个元素，即 a[i]；
③ p++表示指针 p 指向下一个数组元素，即取得下一个数组元素的地址；
④ *(p++)表示先访问当前元素，然后指针 p 指向下一个数组元素。

4）指针变量作为函数参数，例如：

```
float fun(int *ptr_1, long *ptr_2);
```

*ptr_1, *ptr_2 为指针变量的函数参数，fun()函数接收主调函数传来的指针值（地址值），从而可以读取或修改主调函数中相应指针所指向的数据。

5）用指针变量处理字符串。若一个字符型指针存放某字符串常量的值，就可以用该字符指针来处理这个字符串。例如：

```
char *sptr="language";
printf("The third character in %s is %c\n", sptr, sptr+2);
```

与语句

```
char a[]="language";
printf("The third character in %s is %c\n", a, a[2]);
```

输出结果相同，都是：The third character in language is n

2. 编程要点

分析实验题，确定要定义几个指针变量，每个指针变量指向哪个具体的变量，如何通过指针变量来间接地操作该变量实现具体的功能。

对于需要通过函数调用来改变主调函数中某个（些）变量的值的情况，就需要将变量的地址作为调用函数的实参，同时将函数定义中相应的形参设为指针变量，从而通过操作指针变量来实现具体的功能或得到多个返回值。

对于数组的访问，也可以通过指针来实现。首先要将数组名赋予指针变量，然后可以通过指针变量的自加/自减/偏移运算，达到与通过数组下标访问数组元素的一样的效果。

3. 实验题解析

范例 1 编写一个简单的程序，观看直接访问变量和利用指针访问变量的同一性。
程序的参考代码为：

```
#include <stdio.h>
int main(void)
 {
    int var=3;                /* 声明并初始化一个 int 类型的变量 */
    int *ptr;                 /* 声明一个指向 int 类型数据的指针变量 */
    ptr=&var;                 /* 为指针 ptr 赋初值,使其指向变量 var */
    printf("var=%d\n",var);   /* 直接访问变量 var*/
    printf("*ptr=%d \n",*ptr); /* 通过指针间接访问变量 var*/
    *ptr=10;
    printf("var=%d \n",var);
    printf("*ptr=%d \n",*ptr);
    return 0;
}
```

输出结果如下：

```
var = 3
*ptr = 3
var = 10
*ptr = 10
```

范例 2　从键盘输入两个数据，按从小到大的顺序将这两个数据输出。要求定义并调用函数 swap(int *p1, int *p2)，实现对参数 a, b 数值的交换。

分析：

若想达到调整主调函数中 a、b 变量值的目的，要将调用函数中变量 a 和 b 的地址传递给 swap 函数定义中的指针形参 pt1 和 pt2，在 swap()函数中用间接访问的方式将原函数中的变量更改，然后在主调函数中直接输出更改后的两个变量值。

swap 函数的定义如下：

```
void swap(int *p1, int *p2)
{
    int p;
    p=*p1;
    *p1=*p2;
    *p2=p;
}
```

调用格式为：swap(&a,&b)，可实现 a 与 b 的交换。

程序的完整参考代码为：

```
#include <stdio.h>
void swap(int *p1, int *p2)
{
    int p;
    p=*p1;
    *p1=*p2;
    *p2=p;
}
int main(void)
{
    int a,b;
    scanf("%d%d",&a,&b);
    swap(&a,&b);
    printf("a=%d,b=%d\n",a,b);
    return 0;
}
```

范例 3　输入一个正整数 n（$1 < n \leqslant 10$），然后输入 n 个整数存放在数组 a 中，试通过函数调用的方法实现数组元素的逆序存放。要求定义并调用 reverse（int *p,int n），它的功能是实现数组元素的逆序存放。

分析：

在 reverse()函数定义中，形参 p 变量是一个指针变量，故在调用函数中应将数组名作为函数的实参，这样 reverse()函数中，就能访问实参数组所在的存储单元，即不但可以引用，还能改变这些单元的内容。当返回主调函数后，相应数组元素的值就发生了改变。

reverse()函数定义如下：

```
void reverse(int *p,int n)
{
    int *pj,t;
    for(pj=p+n-1;p<pj;p++,pj--){
```

```
        t=*p;
        *p=*pj;
        *pj=t;
    }
}
```

调用格式为： reverse(a,n)。

程序的完整参考代码为：

```
#include <stdio.h>
void reverse(int *p,int n)
{
    int *pj,t;
    for(pj=p+n-1;p<pj;p++,pj--){
        t=*p;
        *p=*pj;
        *pj=t;
    }
}
int main(void)
{
    int a[10],n,i;
    scanf("%d",&n);
    printf("请输入%d 个整数: \n",n);
    for(i=0;i<n;i++)
        scanf("%d",&a[i]);
    reverse(a,n);
    for(i=0;i<n;i++)
        printf("%d ",a[i]);
    return 0;
}
```

范例 4 输入一串字符（少于 20 个字符），在输入的字符串中查找有没有字符'k'。

分析：

该题目可以用多种方法设计，本范例采用字符串指针来访问字符串中的每个字符。首先定义一个字符数组 st，用来存放所要处理的字符串。然后定义一个字符串指针 ps 指向 st 字符数组。在访问字符串中的字符时，既可以用下标法，也可以用指针法。在键盘输入了一个字符串之后，用一个循环语句在字符串中查找字符'k'，找到第一个字符'k'就提前结束循环，字符串全部遍历完也结束循环，所以此题是一个多条件控制的循环。循环结束后要由条件语句来区分不同的情况。

程序的完整参考代码为：

```
#include <stdio.h>
int main(void)
{
    char st[20], *ps;
    int i;
```

```
        printf("Please input a string:\n");
        ps=st;
        gets(ps);
        for(i=0; ps[i]!='\0'; i++)   /*ps[i]也可以写成 *(ps+i)*/
            if(ps[i]=='k')
            {
                printf("There is a letter 'k' in the string.\n");
                break;
            }
        if(ps[i]=='\0')
            printf("There is not 'k' in the string.\n");
        return 0;
    }
```

【实验内容】

1）编写一个程序实现华氏温度转换成摄氏温度，并将 0～100° 的转换值（步长为 20）输出的程序。请将其中温度变量 fahr 和 celsius 用指针变量来实现。

提示：声明两个 int 型指针 pf 和 pc，并将其别指向 fahr 和 celsius。然后将所有 fahr 和 celsius 出现的地方以指针的间接访问形式（*pf 和*pc）替代。注意运算符*和&的使用地点和方式。

输入/输出示例

输出：

华氏温度	摄氏温度
0	–17.78
20	–6.67
40	4.44
60	15.56
80	26.67
100	37.78

2）从键盘输入三个整数，按由小到大的顺序将这三个数据输出。要求定义并调用函数 swap(int *p1, int *p2)，实现两个数据的排序。

输入/输出示例

输入：*Input integers*：**–9 8 –50**

输出：After sorted：–50 –9 8

3）在数组中查找指定的元素。输入一个正整数 n（1<n≤10），然后输入 n 个整数存放在数组 a 中，再输入一个整数 x，在数组 a 中查找 x，如果找到则输出相应的下标，否则输出 "Not Found"。要求定义并调用函数 search(int*p,n,x)，它的功能是在 a 数组中查找 x。

输入/输出示例

第一次运行：

输入：

Input n：**4**

Input 4 integers：**1 3 –6 9**

Input x：**3**

输出：Index = 1

第二次运行：

输入：

Input n：**6**

Input 6 integers：**1 3 9 8 –9 7**

Input x: **2**

输出：Not Found

4）用一个函数实现两个字符串的比较，即自己写一个 strcmp 函数。函数的原型为：int strcmp(char*p 1 , char*p2); 设 p1 指向字符串 s1，p2 指向字符串 s2，要求当两个字符相同时返回 0，若两个字符串不相等，则返回它们二者第一个不同字符的 ASCII 码的差值。两个字符串 s1，s2 由主函数输入，strcmp()函数的返回值也由主函数输出。

输入/输出示例

第一次运行：

输入：

Input string1：**sea**

Input string2：**sea**

输出：

Compared result：0

第二次运行：

输入：

Input string1：**compute**

Input string2：**compare**

输出：

Compared result：20

第三次运行：

输入：

Input string1：**happy**

Input string2：**z**

输出：

Compared result：–18

5）字符串复制。输入一个字符串 str1 和一个正整数 m。将字符串 str1 中从第 m 个字符开始的全部字符复制到字符串 str2 中，再输出字符串 str2。

要求调用函数 strcpy(char*p1,char*p2,m)，其中 p1 指向字符串 str 1 ，p2 指向字符串 str2。该函数的功能是将字符串 str1 中从 m 个字符开始的全部字符复制到字符串 str2 中。

输入/输出示例

输入：

Input a string： **happy new year!**

*Input an integer:***7**

输出：

Output string is :new year!

6）（选作）有 *n* 人围成一个圈，顺序排号，从第一个人开始报数（从 1 ~ 3 报数），凡报到 3 的人退出圈子，问最后留下的是原来第几号的那位。

【实验结果与分析】

将源程序、运行结果以及实验中遇到的问题和解决问题的方法，写在实验报告上。

【思考题】

1）实验内容第 2）题改为从键盘输入三个字符串，按由小到大的顺序将这三个字符串输出。程序又应如何改动？

2）范例 2 中的 swap 如果定义如下：

```
void swap(int *pt1, int *pt2)
{
    int *p;
    p=pt1;
    pt1=pt2;
    pt2=p;
}
```

程序的运行结果是什么？为什么？

3）范例 4 中，如果 ps=st;语句没有，程序的运行结果会是什么？为什么？

4）改错题

有 *n* 个整数，使前面各数顺序循环移动 *m* 个位置（*m<n*）。编写一个函数实现以上功能，在主函数中输入 *n* 个整数并输出调整后的 *n* 个整数。

输入/输出示例

输入：

Input n，m： **5 3**

Input array： **1 2 3 4 5**

输出：

After moved: 34512

源程序（有错误的程序）如下：

```
#include <stdio.h>
void mov(int *, int, int);
int main(void)
    {
    int m, n, i, a[80], *p;
```

```
        printf("Input n, m:");
        scanf("%d%d",&n,&m);
        for(p=a,i=0;i<n;i++)
            scanf("%d",&p++);
        mov(a,n,m);
        printf("After move: ");
        for(i=0;i<n;i++)
            printf("%5d",a[i]);
        return 0;
    }
    void mov(int *x, int n, int m)
    {
        int i,j;
        for(i=0;i<m;i++){
            for(j=n-1;j>0;j--)
                x[j]=x[j-1];
                x[0]=x[n-1];
        }
    }
```

5）改错题

输入 *n* 个正整数，将他们从小到大排序后输出，要求程序使用冒泡排序算法。

输入/输出示例

输入：

Enter n (n<=8): **8**

Enter a[8] : **7 3 66 3 –5 22 –77 2**

输出：After sorted, a[8] = –77 –5 2 3 3 7 22 66

源程序（有错误的程序）如下：

```
#include <stdio.h>
void swap2 (int *, int *);
void bubble (int a[], int n);
int main(void)
{   int n, a[8]; int i;
    printf("Enter n (n<=8): ");
    scanf("%d", &n);
    printf("Enter a[%d] : ",n);
    for(i=0; i<n;i++)
        scanf("%d",&a[i]);
    bubble(a[], n);
    printf("After sorted, a[%d]=", n);
    for(i=0; i<n; i++)
        printf("%3d",a[i]);
    return 0;
}
```

```
void bubble (int a[], int n)
{   int i, j;
    for(i=1; i<n; i++)
        for(j=0; j<n-i; j++)
            if(a[j]>a[j+1])
                swap2(a[j], a[j+1]);
}

void swap2 (int *px, int *py)
{   int t;
    t=*px;
    *px=*py;
    *py=t;
}
```

实验九　结构体和共用体

【实验目的】

1）掌握结构体类型变量的定义和使用。
2）掌握结构体类型数组的基本使用方法。
3）掌握结构的简单嵌套应用。
4）掌握共用体的概念和使用。

【实验指导】

1. 本实验适用的语法和语句

1）结构体类型的定义。
格式：struct 结构名
　　　　{成员表列};
成员表列是该结构类型所包括的结构成员,这些结构成员可用学习过的任意数据类型定义。
2）结构的嵌套定义。
在定义结构成员时，所用到的数据类型若也是结构类型，就形成了结构类型的嵌套定义。
注意：此时必须先定义成员的结构类型，再定义包含该成员的结构类型。
3）结构变量的两种定义方法。
① 先定义结构类型，再定义一个具有该结构类型的变量。
② 定义结构类型的同时定义结构变量。
4）结构变量的使用。
使用结构变量主要就是对其结构成员进行操作。在 C 语言中，使用结构成员操作符"."来引用结构成员。
格式：结构变量名. 结构成员名
5）结构变量的整体赋值。
如果两个结构变量具有相同的类型，允许将一个结构变量的值直接赋予另一个结构变量。
6）共用体类型的定义。
格式：union 共用体名
　　　　{成员表列};
可以看到，"共用体"和"结构体"的定义形式相似。但它们的含义是不同的，结构体变量所占内存长度是各成员占的内存长度之和，每个成员分别占有其自己的内存单元；共用体变量所占的内存长度等于最长的成员的长度。

2. 编程要点

分析实验题，首先明确具体的结构体的构成，对于单个的结构体变量，利用结构成员操作符来引用结构变量成员实现具体的操作；对于结构类型的数组，对它的处理方式和基本数据类型的数组是一致的，需要使用数组下标与结构成员操作符来引用结构数组元素成员实现具体的操作。

3. 实验题解析

范例 1 定义一个结构体变量，其成员包括学号、姓名、性别、总分。通过键盘为其赋值，然后按照一定的格式输出。

分析：

1）定义结构类型。

需要考虑结构由哪些成员组成，以及每个成员又是什么数据类型（可以是整型，浮点型，字符型等）。这道题里，我们可将该结构命名为 stu，包括四个成员 num（学号）、name（姓名）、sex（性别）、score（总分），分别定义为整型、字符串指针类型、字符型、浮点型。

```
struct stu
    {
    int num;
    char *name;
    char sex;
    float score;
    };
```

2）结构体变量的定义。

结构体变量的定义有两种方式，见本实验适用的主要语法和语句。这里，我们采用第二种方式，即定义结构类型的同时定义结构变量。

```
struct stu
    {
    int num;
    char *name;
    char sex;
    float score;
    }student;
```

3）结构体变量引用。

只需通过赋值语句或输入语句对该变量的成员逐个访问。这里我们用赋值语句给 num 和 name 两个成员赋值，其中 name 是一个字符串指针变量，用 scanf()函数动态地输入 sex 和 score 成员值。用 printf()函数输出各成员的值。

程序的完整参考代码为：

```
#include <stdio.h>
int main(void)
{
    struct stu
```

```
        {
            int num;
            char *name;
            char sex;
            float score;
        }student;
        student.num=102;
        student.name="Wanggang";
        printf("请输入性别(F 或 M)和成绩：(性别代码和成绩用空格分隔)\n");
        scanf("%c %f",&student.sex,&student.score);
        printf("Number=%d\nName=%s\n",student.num,student.name);
        printf("Sex=%c\nScore=%f\n",student.sex,student.score);
        return 0 ;
    }
```

范例2 建立一个通讯录的结构记录，包括姓名，电话号码。输入 5 个朋友的信息，再依次输出其信息。

分析：

1）定义结构类型。

需要考虑结构由哪些成员组成，及每个成员又是什么数据类型（可以是整型，浮点型，字符型等）。这道题里，我们可将该结构命名为 mem，包括两个成员 name（姓名），phone（电话号码），可分别将它们定义为字符数组类型。

```
struct mem
{
    char name[20];
    char phone[10];
};
```

2）结构体变量的定义。

结构体变量的定义有两种方式，见本实验适用的主要语法和语句。这里，我们采用第一种方式，即先定义结构类型，再定义一个具有该结构类型的变量。由于该题具有这样结构的变量至多可达十个，故我们可采用结构数组的形式来定义这十个变量。

```
struct mem man[10];
```

3）结构体变量引用。

考虑使用一个 for 循环给每个数组元素赋值，循环体为 gets()函数动态地输入 name 和 phone 成员值；再利用一个 for 循环将每个数组元素的值输出。其中对数组元素成员的引用是通过使用数组下标与结构成员操作符相结合的方式来完成的。

程序的完整参考代码为：

```
#include <stdio.h>
int main(void)
{
    struct mem
    {
        char name[20];
        char phone[10];
    };
```

```
    struct mem man[5];
    int i;
    for(i=0;i<5;i++)
    {
        printf("input name:\n");
        gets(man[i].name);
        printf("input phone:\n");
        gets(man[i].phone);
    }
    printf("name\t\t\tphone\n\n");
    for(i=0;i<5;i++)
        printf("%s\t\t\t%s\n",man[i].name,man[i].phone);
    return 0;
}
```

范例 3 输入和运行以下程序，分析结果。

```
#include <stdio.h>
union data
{
    int i[2];
    float a;
    long b;
    char c[4];
}u;
int main(void)
{
    printf("%d\n",sizeof(u));
    printf("Please input i:\n");
    scanf("%d%d",&u.i[0],&u.i[1]);
    printf("Please input a,b:");
    scanf("%f%ld",&u.a,&u.b);
    printf("Please input a string:");
    scanf("%s",u.c);
    printf("i[0]=%d,i[1]=%d,a=%f,b=%ld\n",u.i[0],u.i[1],u.a,u.b);
    printf("c[0]=%c,c[1]=%c,c[2]=%c,c[3]=%c\n",u.c[0],u.c[1],u.c[2],u.c[3]);
    return 0;
}
```

运行结果：

```
8
Please input i:
65 66
Please input a,b:74.3 100
Please input a string:abcd
i[0]=1684234849,i[1]=0,a=16777999408082104000000.000000,b=1684234849
c[0]=a,c[1]=b,c[2]=c,c[3]=d
```

分析：

程序首先定义了一个共用体结构 data，并在定义结构的同时定义了具有该结构类型的变量

u。根据共用体的定义，该变量 u 占 8 个字节（在 VC 编译环境中）。故执行 printf("%d\n",sizeof(u)); 语句后，运行结果是 8。紧接着输入了 i 成员的值 65、66，a 成员的值 74.3，b 成员的值 100，c 成员的值 abcd。输出结果除了 c 成员是合乎输入数据类型的，其他显示的数据均异常。这正是共用体类型数据的特点，共用体变量中起作用的成员是最后一次存放数据的成员，在对一个新成员赋值后，原有的成员就失去意义了。故经过一系列的赋值语句后，有意义的成员只是 u.c[0]、u.c[1]、u.c[2]、u.c[3]，而 u.i[0]、u.i[1]、u.a、u.b 根本无意义了，对于它们系统也就从 u 变量占用的地址开始，按成员的数据类型取出相应字节的数据来显示。

【实验内容】

1）定义两个结构体变量 student1 和 student2，其成员包括学号，姓名，总分。通过键盘为 student1 赋值，然后将 student1 的内容复制给 student2，最后按照自定义的格式输出 student2。

输入/输出示例

输入：*输入学生的学号、姓名、性别和总分：* **101 wang 270**

输出：

学号	姓名	总分
101	wang	270

2）按照如下格式定义一个结构体，并按照如下格式为一个班级的学生（小于 10 人）输入信息（不包括总分），输出每个学生的姓名和总分（数学+英语+政治）。

序号	姓名	数学	英语	政治	总分
num	Name	Math	engl	poli	total
整型	字符串数组	实型	实型	实型	实型

输入/输出示例

输入：

输入 n： **3**

输入第 1 个学生的姓名、数学成绩、英语成绩和政治成绩： **zhang 70 70 70**

输入第 2 个学生的姓名、数学成绩、英语成绩和政治成绩： **wang 80 80 80**

输入第 3 个学生的姓名、数学成绩、英语成绩和政治成绩： **qian 90 90 90**

输出：

Zhang	210
wang	240
qian	270

3）编写程序，从键盘输入 n（n<10）本书的名称和定价并存于结构体数组中，从中查找定价最高和最低的书的名称和定价，并输出。

输入/输出示例

输入：

输入 n： **3**

输入第 1 本书的名称和定价： **c 程序设计 21.5**

输入第 2 本书的名称和定价：VB 程序设计 18.5

输入第 3 本书的名称和定价：Delphi 程序设计 25.0

输出：

价格最高的书：Delphi 程序设计 25.0

价格最低的书：VB 程序设计 18.5

4）工资表排序。建立一个工资表的结构记录，包括工号，姓名，性别，出生日期，工资。输入有 n（3<n<10）个职工工资信息，再按照关键字（工资）从小到大的顺序依次输出其信息。

输入/输出示例

输入：

输入 n：3

输入第 1 个职工的工号、姓名、性别、出生日期和工资：101 wang man 19850403 5200

输入第 2 个职工的工号、姓名、性别、出生日期和工资：102 qian woman 19821020 5600

输入第 3 个职工的工号、姓名、性别、出生日期和工资：103 zhang man 19840619 6700

输出：

101	wang	man	19850403	5200
102	qian	woman	19821020	5600
103	zhang	man	19840619	6700

5）表 9.1 所示为学生学习情况，编写一个 C 程序，用冒泡法对此学生学习情况表按成绩（grade）从高到低进行排序。

表 9.1 学生学习情况表

学号（num）	姓名（name）	性别（sex）	年龄（age）	成绩（grade）
101	Wangyi	M	16	82.7
102	Zhaoyi	M	17	99.0
103	Liming	M	15	85.6
104	Gaoben	F	16	77.8
105	Chenping	F	17	67.4
106	Zhangjing	F	16	99.5
107	Handong	M	15	82.7
108	Mengguang	M	16	60.5
109	Xucong	F	17	94.5
110	Chengcheng	F	16	96.7

【实验结果与分析】

将源程序、运行结果以及实验中遇到的问题和解决问题的方法，写在实验报告上。

【思考题】

1）下述有关结构体、共用体的定义哪些是不对的?

① struct a
  { int a; float x;
  }
② struct s
  { int x,y;
    char c
  };
③ strcut
  { char m[10];
    int i.j;
  }; x,y;
④ strcut str
  { string s[10];
    har a[10]
  };
⑤ union data
  { int I;
    char ch;
    ong int l;
  };
  union da,da2;
⑥ union s a,b;
  union s
  { int I;
    char ch;
    float x;
  };

2）输入和运行以下程序：

```c
#include<stdio.h>
union data
{
    int i[2];
    float a;
    long b;
    char c[4];
}u;
int main(void)
{
    printf("%d\n",sizeof(u));
    printf("Please input i:\n");
    scanf("%d%d",&u.i[0],&u.i[1]);
    printf("i[0]=%d,i[1]=%d,a=%f,b=%ld\n",u.i[0],u.i[1],u.a,u.b);
    printf("c[0]=%c,c[1]=%c,c[2]=%c,c[3]=%c\n",u.c[0],u.c[1],u.c[2],u.c[3]);
    return 0;
}
```

输入两个整数 65，66。运行结果是什么？为什么？

3）改错题

建立一个有 n（$3 \leqslant n \leqslant 10$）个学生成绩的结构记录，包括学号、姓名和 3 门课程的成绩，输出总分最高的学生的姓名和总分。

输入/输出示例

输入:

输入 n: 5

输入第 1 个学生的学号、姓名和 3 门课程成绩: 1 黄岚 78 83 75

输入第 2 个学生的学号、姓名和 3 门课程成绩: 2 王海 76 80 77

输入第 3 个学生的学号、姓名和 3 门课程成绩: 3 沈东 87 83 76

输入第 4 个学生的学号、姓名和 3 门课程成绩: 4 张晓 92 88 78

输入第 5 个学生的学号、姓名和 3 门课程成绩: 5 章岚 76 81 75

输出:

总分最高的学生是: 张晓, 258 分。

源程序 (有错误的程序) 如下:

```c
#include <stdio.h>
int main(void)
{
    struct student{
        int number;
        char name[20];
        int score[3];
        int sum;
    };
    int i, j, k, n, max=0;
    printf("输入 n: ");
    scanf("%d",&n);
    for (i=0; i<n; i++){
        printf("输入第%d 个学生的学号、姓名和 3 门成绩:");
        scanf("%d%s", &student[i].number, &student[i].name);
        for(j=0; j<3; j++){
            scanf("%d", &student[i].score[j]);
            student[i].sum+=student[i].score[j];
        }
    }
    max=student[0].sum;
    for(i=0; i<n; i++)
        if(max<student[i].sum) {
            max=student[i].sum;
            k=i;
        }
    printf("总分最高的学生是: %s, %d 分\n", student[k].name, student[k].sum);
    return 0;
}
```

4) 改错题

输入并保存 3 个学生的信息, 计算并输出平均分, 再按照从高分到低分的顺序输出他们的信息。

输入/输出示例

输入:

No 1: **101 zhang 80**

No 2: **102 wang 70**

No 3: **103 qian 90**

输出:

The avarage:80

The student score:

103 qian90

101 zhang80

102 wang70

源程序（有错误的程序）如下:

```c
#include <stdio.h>
struct student{
    int num;
    char name[20];
    int score;
};
struct student stud[3];
int main(void)
{   int i, j, index, sum=0;
    struct student temp;
    for(i=0; i<3; i++){
        printf("No %d: ", i+1);
    scanf("%d%s%d", &stud[i].num, &stud[i].name, &stud[i].score);
    sum=sum+stud[i].score;
    }
/* 按照分数从低到高排序，使用选择排序法 */
    for( i=0; i<2; ++i ){
        for (j=i+1; j<3; j++ )
            if(stud[j].score<stud[index].score)
                index=j;
            temp=stud[index];stud[index]=stud[i];stud[i]=temp;
    }
    printf("The avarage:%d\n",sum/10);
    printf("The student score:\n")
    for(i=3;i>0;i--)
        printf("%d %s %d\n",stud[i].num,stud[i].name,stud[i].score);
    return 0;
}
```

实验十　文件操作

【实验目的】

1）掌握文件的概念及文件的定义方法。

2）学会使用文件的打开、关闭、读、写等文件操作函数。

3）掌握用缓冲文件系统对文件进行基本的操作。

【实验指导】

1. 本实验适用的语法和语句

1）文件类型指针。

C 语言为了具体实现对文件的操作，定义了结构类型 FILE。在文件处理过程中，程序需要访问文件缓冲区实现数据的存取。C 语言引进指针来指向文件缓冲区，通过移动指针来实现对文件的操作，这个指针就是 FILE 文件类型指针。

格式：FILE*fp

2）打开文件。

打开文件，实际上是建立文件的各种有关信息，并使文件指针指向该文件，以便进行其他操作。打开文件由标准函数 fopen()实现，其一般调用形式为：

```
fopen("文件名",文件打开方式);
```

文件打开方式由 r,w,a,b,+五个字符组成，各字符的含义是：

① r（read）：读。

② w（write）：写。

③ a（append）：追加。

④ b（banary）：二进制文件。

⑤ +：读和写。

3）关闭文件。

关闭文件则断开指针与文件之间的联系，也就禁止再对该文件进行操作。关闭文件由标准函数 fclose()实现，其一般调用形式为：

```
fclose(文件指针);
```

4）字符方式文件读写函数 fgetc()和 fputc()。

fputc()函数把一个字符变量写到文件指针所指的磁盘文件上。函数调用格式：

```
fputc(字符变量,文件指针);
```

fgetc()函数实现从文件指针所指磁盘文件读入一个字符到字符变量。函数调用格式：

```
字符变量=fgetc(文件指针);
```

5）字符串方式文件读写函数 fgets()和 fputs()。

fputs()函数向指定的文本文件写入一个字符串。函数调用格式：

```
fputs(字符串,文件指针);
```

fgets()函数用来从文本文件中读取字符串。函数被调用时最多读取 n-1 个字符。函数调用格式：

```
fgets(字符数组名,n,文件指针);
```

6）数据块读写函数 fread()和 fwrite()。

fread()函数用于从二进制文件中读入一个数据块到变量。函数调用格式为：

```
fread(buffer,size,count,fp);
```

其中 buffer 表示存放输入数据的首地址，size 表示数据块的字节数，count 表示要读的数据块数。

fwrite()函数用于向二进制文件中写入一个数据块。函数调用格式为：

```
fwrite(buffer,size,count,fp);
```

其中 buffer 表示存放输出数据的首地址，其他参数含义见 fread()函数。

7）格式化文件读写函数 fscanf()和 fprintf()。

fscanf()用于从文件中按照给定的控制格式读取数据保存到变量。函数调用格式为：

```
fscanf(文件指针,格式字符串,输入表列);
```

fprintf()用于按照给定的控制格式向磁盘文件中写入数据。函数调用格式为：

```
fprintf(文件指针,格式字符串,输出表列);
```

2. 编程要点

分析实验题，首先根据题意决定文件的打开方式，然后根据文件的类型（文本文件/二进制文件）和数据存取的特点选取合适的文件读写函数，配合使用文件的一些相关函数实现具体数据的读/写过程，程序结束前关闭所有打开的文件。

3. 实验题解析

范例 1 已知一个文本文件 f1.txt，请将该文件复制一份，保存为 f2.txt。

分析：

1）打开文件。

为了建立系统和需操作的文本文件之间的关联，调用打开文件函数来实现这个功能。由于系统需要和两个文件建立这种关联，故需要确定两个文件类型指针变量，且需要调用二次打开文件函数，只是一个文件的打开方式为 r，一个文件的打开方式为 w。

```
FILE *fp1,*fp2;
if((fp1=fopen("f1.txt","r"))==NULL){
    printf(" File open error!\n");
    exit(0);
}
if((fp2=fopen("f2.txt","w"))==NULL){
    printf(" File open error!\n");
```

```
        exit(0);
    }
```

2）读写文件。

由于是文本文件，可使用 fgetc()和 fputc()函数来读写文件。此处读/写一个字符为一个重复性工作，即是个循环的过程，故须考虑循环的结束条件如何设置。为此调用 feof()函数判断是否已到文件末尾来结束循环。

```
while(!feof(fp1)){
    c=fgetc(fp1);
    fputc(c,fp2);
}
```

3）关闭文件。

当文件操作完成后，要及时关闭它，以防止不正常的操作。该题打开了二个文件，故调用二次文件关闭函数。

```
fclose(fp1);
fclose(fp2);
```

程序的完整参考代码为：

```
#include <stdio.h>
#include <stdlib.h>
int main(void)
{
    FILE *fp1,*fp2;
    char c;
    if((fp1=fopen("f1.txt","r"))==NULL){
        printf("File open error!\n");
        exit(0);
    }
    if((fp2=fopen("f2.txt","w"))==NULL){
        printf("File open error!\n");
        exit(0);
    }
    while(!feof(fp1)){
        c=fgetc(fp1);
        fputc(c,fp2);
    }
    printf("文件复制成功!\n");
    fclose(fp1);
    fclose(fp2);
    return 0;
}
```

范例2　从键盘输入两个学生数据（包含姓名，学号，年龄，住址），写入一个文件中，再读出这两个学生的数据显示在屏幕上。

分析：

1）确定学生数据的类型。

根据题目的意思，再结合第九章的内容，我们可以定义学生的数据为结构体类型。

```
struct stu
{
    char name[10];
    int num;
    int age;
    char addr[15];
};
```

2）定义结构体变量。

由于学生的信息是先由键盘输入存放于内存，再写入文件的，故设立变量 boya[2]接收键盘的输入信息；当要将文件中的信息读出显示于屏幕上时，设立变量 boyb[2]接收文件中的读出信息；同时为了文件的读/写操作设立两个指针变量*pp、*qq 分别指向 boya[2]、boyb[2]。

```
struct stu
{
    char name[10];
    int num;
    int age;
    char addr[15];
}boya[2],boyb[2],*pp,*qq;
pp=boya;
qq=boyb;
```

3）打开文件。

打开一个文件，准备接收键盘的输入数据。由于为结构化的数据，故打开一个二进制文件，打开方式为 wb +。

```
FILE *fp;
if((fp=fopen("d:\\stu_list","wb+"))==NULL)
{
    printf("Cannot open file strike any key exit!");
    getchar();
    exit(1);
}
```

4）接收数据，并写入磁盘文件。

键盘数据的数据要先存放在内存的 boya [] 数组中，然后再调用 fwrite()函数将内存中的数据整块地写入磁盘文件。即每次将一个学生的信息全部读入，再读另一个学生的信息。

```
printf("\ninput data\n");
for(i=0;i<2;i++,pp++)
    scanf("%s%d%d%s",pp->name,&pp->num,&pp->age,pp->addr);
pp=boya;
fwrite(pp,sizeof(struct stu),2,fp);
rewind(fp);
```

5）从磁盘文件读出在屏幕上显示。

由于经过上一步操作，文件指针指向了文件的末尾，故先要调用 rewind()函数将文件指针指向文件的首地址，再调用 fread()函数整块读出每个学生的信息放入内存的 boyb[]数组中，最后通过循环语句将数组中的内容输出到屏幕。

```
rewind(fp);
```

```
fread(qq,sizeof(struct stu),2,fp);
printf("\n\nname\tnumberageaddr\n");
for(i=0;i<2;i++,qq++)
    printf("%s\t%5d%7d %s\n",qq->name,qq->num,qq->age,qq->addr);
```

6）关闭文件。

当文件操作完成后，要及时关闭它，以防止不正常的操作。该题打开了一个文件，故调用一次文件关闭函数。

```
fclose(fp);
```

程序的完整参考代码为：

```
#include <stdio.h>
#include <stdlib.h>
struct stu
{
    char name[10];
    int num;
    int age;
    char addr[15];
};
int main(void)
{
    struct stu boya[2],boyb[2],*pp,*qq;
    pp=boya;
    qq=boyb;
    FILE *fp;
    int i;
    if((fp=fopen("d:\\stu_list.txt","wb+"))==NULL)
    {
        printf("Cannot open file strike any key exit!");
        getchar();
        exit(1);
    }
    printf("\ninput data\n");
    for(i=0;i<2;i++,pp++)
        scanf("%s%d%d%s",pp->name,&pp->num,&pp->age,pp->addr);
    fwrite(pp,sizeof(struct stu),2,fp);
    rewind(fp);
    fread(qq,sizeof(struct stu),2,fp);
    printf("\n\nname\tnumberageaddr\n");
    for(i=0;i<2;i++,qq++)
        printf("%s\t%5d%7d %s\n",qq->name,qq->num,qq->age,qq->addr);
    fclose(fp);
    return 0;
}
```

【实验内容】

1）现有两个文件 fsa.txt 和 fsb.txt，文件 fsa.txt 存放的信息是 "Shanghai University of Engineering Science"，文件 fsb.txt 中存放的信息是 "I am a student"，现要求将这两个文件中的信息进行合并，

最后输出"Shanghai University of Engineering Science I am a student",并存放到文件 fsc.txt 中去。

输出示例

输出:Shanghai University of Engineering Science I am a student

此程序没有键盘输入但有屏幕输出信息:

① 文件 fsc.txt 中的初始数据。

② 程序运行后,文件 fsc.txt 中的数据为:

Shanghai University of Engineering Science I am a student

2)有 5 个学生,每个学生有 3 门课的成绩,从键盘输入学生数据(包括学生号,姓名,三门课成绩),计算出平均成绩,将原有数据和计算出的平均分数存放在磁盘文件 stud 中。

输入示例

输入:

输入 n: **5**

输入第 1 个学生的学号、姓名、数学成绩、英语成绩和政治成绩: **101 zhang 70 70 70**

输入第 2 个学生的学号、姓名、数学成绩、英语成绩和政治成绩: **102 wang 80 80 80**

输入第 3 个学生的学号、姓名、数学成绩、英语成绩和政治成绩: **103 qian 90 90 90**

输入第 4 个学生的学号、姓名、数学成绩、英语成绩和政治成绩: **104 sun 90 70 90**

输入第 5 个学生的学号、姓名、数学成绩、英语成绩和政治成绩: **105 li 90 80 90**

此程序有键盘输入,但没有屏幕输出信息:

① 文件 stud.txt 中的初始数据:学号　姓名　数学　英语　政治　均分

② 程序运行后,文件 stud.txt 中的数据:

学号	姓名	数学	英语	政治	均分
101	zhang	70	70	70	70.00
102	wang	80	80	80	80.00
103	qian	90	90	90	90.00
104	sun	90	70	90	83.33
105	li	90	80	90	86.67

3)请编写一个 C 程序:从键盘输入一个字符串(输入的字符串以!!结束),将其中的小写字母全部转换成大写字母;输出到磁盘文件 upper.txt 中保存,然后再将文件 upper.txt 中的内容读出显示在屏幕上。

输入/输出示例

输入:

Input a string: **Shang hai CHINA!**

输出:**SHANG HAI CHINA**

此程序有键盘输入,有屏幕输出信息:

① 文件 upper.txt 中的初始数据。

② 程序运行后,文件 upper.txt 中的数据:

SHANG HAI CHINA

4)文件 student.dat 中存放着一年级学生的基本情况,这些情况由以下结构体来描述:

```
struct student
    {long int num;              /*学号*/
     char name[10];             /*姓名*/
     int age;                   /* 年龄*/
     char sex;                  /*性别*/
     char speciality[20];       /*专业*/
     char addr[40];             /*住址*/
    };
```

请编写程序，输出学号在 970101 ~ 970110 之间的学生学号、姓名、年龄和性别。

5）（选作）请编写程序，产生 1000 以内的所有素数，并把这些素数全部写入一个名为 primes.dat 的文本文件中去。

6）（选作）文件 number.dat 中存放了一组整数。请编写程序统计并输出文件中正整数、零和负整数的个数。

【实验结果与分析】

将源程序、运行结果以及实验中遇到的问题和解决问题的方法，写在实验报告上。

【思考题】

1）读取文本文件时，如何判断文件是否已经结束？

2）当向文件写入数据时，文件指针会指向文件的末尾，应调用哪个函数将文件指针指向文件的首地址？

3）改错题

从键盘输入一行字符，写到文件 a.txt 中。

输入示例

输入：**50 100 200 220 280 400**

此程序有键盘输入，但没有屏幕输出信息：

① 文件 a.txt 中的初始数据：

10 15 20

② 程序运行后，文件 a.txt 中的数据：

10 15 20 50 100 200 220 280 400

源程序（有错误的程序）如下：

```
#include <stdio.h>
#include <stdlib.h>
int main(void)
{   char ch;
    FILEfp;
    if((fp=fopen("a.txt", "w"))!=NULL){
        printf("Con't Open File!");
        exit(0);
    }
    while((ch=getchar())!='\n' )
        fputc(ch, fp);
```

```
        fclose(fp);
        return 0;
}
```

4）改错题

文件 Int_Data.dat 中存放了若干整数，将文件中所有数据相加，并把累加和写入该文件最后。此程序没有键盘输入和屏幕输出信息

① 文件 Int_Data.dat 中的初始数据：

10 15 20 50 100 200 220 280 400

② 程序运行后，文件 Int_Data.dat 中的数据：

10 15 20 50 100 200 220 280 400 1295

源程序（有错误的程序）如下：

```
#include <stdio.h>
#include <stdlib.h>
int main(void)
{   FILE fp;
    int n,sum;
    if((fp=fopen("a.txt", "r"))==NULL){
        printf("Con't Open File!");
        exit(0);
    }
    while(fscanf(fp, "%d", &n)==EOF)
        sum=sum + n;
    fprintf(fp, "%d", sum);
    fclose(fp);
    return 0;
}
```

附录A C语言基本语法

1. C语言中的关键字

auto	break	case	char	const	continue	default	do
double	else	enum	extern	float	for	goto	if
int	long	register	return	short	signed	sizeof	static
struct	switch	typedef	union	unsigned	void	volatile	while

2. C语言运算符优先级表

优先级	运算符	含义	要求运算符对象的个数	结合方向
1	()	圆括号		自左向右
	[]	下标运算符		
	->	指向结构体成员运算符		
	.	结构体成员运算符		
2	!	逻辑非运算符	1 （单目运算符）	自右向左
	~	按位取反运算符		
	++、--	自增、自减运算符		
	-	负号运算符		
	(类型)	强制类型转换运算符		
	*	指针运算符（复引用运算符）		
	&	地址运算符（引用运算符）		
	sizeof()	长度运算符		
3	*、/	乘法、除法运算符	2（双目运算符）	自左向右
	%	求余运算符	2（双目运算符）	
4	+、-	加法、减法运算符	2（双目运算符）	
5	>>、<<	移位运算符	2（双目运算符）	
6	<、<=、>、>=	关系运算符	2（双目运算符）	
7	==、!=	等于、不等于运算符	2（双目运算符）	
8	&	按位与运算符	2（双目运算符）	
9	∧	按位异或运算符	2（双目运算符）	
10			按位或运算符	2（双目运算符）	
11	&&	逻辑与运算符	2（双目运算符）	
12	||	逻辑或运算符	2（双目运算符）	
13	?:	条件运算符	3（三目运算符）	自右向左
14	=、+=、-=、*=、/=、%=、>>=、<<=、&=、∧=、|=	赋值运算符	2（双目运算符）	
15		逗号运算符（顺序求值）		自左向右

3．C语言常用的库函数

库函数并不是C语言的一部分，它是由编译系统根据一般用户的需要编制并提供给用户使用的一组程序。每一种C编译系统都提供了一批库函数，不同的编译系统所提供的库函数的数目和函数名以及函数功能是不完全相同的。ANSI C标准提出了一批建议提供的标准库函数。它包括了目前多数C编译系统所提供的库函数，但也有一些是某些C编译系统未曾实现的。考虑到通用性，本附录列出 ANSI C 建议的常用库函数。

由于C库函数的种类和数目很多，例如，还有屏幕和图形函数、时间日期函数、与系统有关的函数等，每一类函数又包括各种功能的函数，限于篇幅，本附录不能全部介绍，只从教学需要的角度列出最基本的。读者在编写C程序时可根据需要，查阅有关系统的函数使用手册。

1）数学函数。使用数学函数时，应该在源文件中使用预编译命令：

```
#include <math.h>或#include "math.h"
```

函数名	函数原型	功能	返回值
Acos	double acos(double x);	计算 arccos x 的值，其中–1<=x<=1	计算结果
Asin	double asin(double x);	计算 arcsin x 的值，其中–1<=x<=1	计算结果
Atan	double atan(double x);	计算 arctan x 的值	计算结果
atan2	double atan2(double x, double y);	计算 arctan x/y 的值	计算结果
cos	double cos(double x);	计算 cos x 的值，其中 x 的单位为弧度	计算结果
cosh	double cosh(double x);	计算 x 的双曲余弦 cosh x 的值	计算结果
exp	double exp(double x);	求 e^x 的值	计算结果
fabs	double fabs(double x);	求 x 的绝对值	计算结果
floor	double floor(double x);	求出不大于 x 的最大整数	该整数的双精度实数
fmod	double fmod(double x, double y);	求整除 x/y 的余数	返回余数的双精度实数
frexp	double frexp(double val, int *eptr);	把双精度数 val 分解成数字部分(尾数)和以 2 为底的指数，即 val=x*2ⁿ,n 存放在 eptr 指向的变量中	数字部分 x 0.5<=x<1
log	double log(double x);	求 lnx 的值	计算结果
log10	double log10(double x);	求 $\log_{10}x$ 的值	计算结果
modf	double modf(double val, int *iptr);	把双精度数 val 分解成数字部分和小数部分，把整数部分存放在 ptr 指向的变量中	val 的小数部分
pow	double pow(double x, double y);	求 x^y 的值	计算结果
sin	double sin(double x);	求 sin x 的值，其中 x 的单位为弧度	计算结果
sinh	double sinh(double x);	计算 x 的双曲正弦函数 sinh x 的值	计算结果
sqrt	double sqrt (double x);	计算 $\sqrt{x}$，其中 x≥0	计算结果
tan	double tan(double x);	计算 tan x 的值，其中 x 的单位为弧度	计算结果
tanh	double tanh(double x);	计算 x 的双曲正切函数 tanh x 的值	计算结果

2）字符函数。在使用字符函数时，应该在源文件中使用预编译命令：

`#include <ctype.h>`或`#include "ctype.h"`

函数名	函数原型	功能	返回值
isalnum	int isalnum(int ch);	检查 ch 是否字母或数字	是字母或数字返回 1，否则返回 0
isalpha	int isalpha(int ch);	检查 ch 是否字母	是字母返回 1，否则返回 0
iscntrl	int iscntrl(int ch);	检查 ch 是否控制字符（其 ASCII 码在 0 和 0xlF 之间）	是控制字符返回 1，否则返回 0
isdigit	int isdigit(int ch);	检查 ch 是否数字	是数字返回 1，否则返回 0
isgraph	int isgraph(int ch);	检查 ch 是否是可打印字符（其 ASCII 码在 0x21 和 0x7e 之间），不包括空格	是可打印字符返回 1，否则返回 0
islower	int islower(int ch);	检查 ch 是否是小写字母（a～z）	是小字母返回 1，否则返回 0
isprint	int isprint(int ch);	检查 ch 是否是可打印字符（其 ASCII 码在 0x21 和 0x7e 之间），不包括空格	是可打印字符返回 1，否则返回 0
ispunct	int ispunct(int ch);	检查 ch 是否是标点字符（不包括空格）即除字母、数字和空格以外的所有可打印字符	是标点返回 1，否则返回 0
isspace	int isspace(int ch);	检查 ch 是否空格、跳格符（制表符）或换行符	是，返回 1，否则返回 0
isupper	int isupper(int ch);	检查 ch 是否大写字母（A～Z）	是大写字母返回 1，否则返回 0
isxdigit	int isxdigit(int ch);	检查 ch 是否一个 16 进制数字（即 0～9，或 A 到 F，a～f）	是，返回 1，否则返回 0
tolower	int tolower(int ch);	将 ch 字符转换为小写字母	返回 ch 对应的小写字母
toupper	int toupper(int ch);	将 ch 字符转换为大写字母	返回 ch 对应的大写字母

3）字符串函数。使用字符串中函数时，应该在源文件中使用预编译命令：

`#include <string.h>`或`#include "string.h"`

函数名	函数原型	功能	返回值
memchr	void memchr(void *buf, char ch, unsigned count);	在 buf 的前 count 个字符里搜索字符 ch 首次出现的位置	返回指向 buf 中 ch 的第一次出现的位置指针。若没有找到 ch，返回 NULL
memcmp	int memcmp(void *buf1, void *buf2, unsigned count);	按字典顺序比较由 buf1 和 buf2 指向的数组的前 count 个字符	buf1<buf2，为负数 buf1=buf2，返回 0 buf1>buf2，为正数
memcpy	void *memcpy(void *to, void *from, unsigned count);	将 from 指向的数组中的前 count 个字符复制到 to 指向的数组中。From 和 to 指向的数组不允许重叠	返回指向 to 的指针
memove	void *memove(void *to, void *from, unsigned count);	将 from 指向的数组中的前 count 个字符复制到 to 指向的数组中。From 和 to 指向的数组不允许重叠	返回指向 to 的指针
memset	void *memset(void *buf, char ch, unsigned count);	将字符 ch 复制到 buf 指向的数组前 count 个字符中。	返回 buf
strcat	char *strcat(char *str1, char *str2);	把字符串 str2 接到 str1 后面，取消原来 str1 最后面的串结束符 "\0"	返回 str1
strchr	char *strchr(char *str,int ch);	找出 str 指向的字符串中第一次出现字符 ch 的位置	返回指向该位置的指针，如找不到，则应返回 NULL
strcmp	int *strcmp(char *str1, char *str2);	比较字符串 str1 和 str2	若 str1<str2，为负数 若 str1=str2，返回 0 若 str1>str2，为正数

续表

函数名	函数原型	功能	返回值
strcpy	char *strcpy(char *str1, char *str2);	把 str2 指向的字符串复制到 str1 中去	返回 str1
strlen	unsigned intstrlen(char *str);	统计字符串 str 中字符的个数（不包括终止符'\0'）	返回字符个数
strncat	char *strncat(char *str1, char *str2, unsigned count);	把字符串 str2 指向的字符串中最多 count 个字符连到串 str1 后面，并以 NULL 结尾	返回 str1
strncmp	int strncmp(char *str1,*str2, unsigned count);	比较字符串 str1 和 str2 中至多前 count 个字符	若 str1<str2，为负数 若 str1=str2，返回 0 若 str1>str2，为正数
strncpy	char *strncpy(char *str1,*str2, unsigned count);	把 str2 指向的字符串中最多前 count 个字符复制到串 str1 中去	返回 str1
strnset	void *setnset(char *buf, char ch, unsigned count);	将字符 ch 复制到 buf 指向的数组前 count 个字符中	返回 buf
strset	void *setset(void *buf, char ch);	将 buf 所指向的字符串中的全部字符都变为字符 ch	返回 buf
strstr	char *strstr(char *str1,*str2);	寻找 str2 指向的字符串在 str1 指向的字符串中首次出现的位置	返回 str2 指向的字符串首次出向的地址。否则返回 NULL

4）输入/输出函数。在使用输入/输出函数时，应该在源文件中使用预编译命令：

`#include <stdio.h>`或`#include "stdio.h"`

函数名	函数原型	功能	返回值
clearerr	void clearer(FILE *fp);	清除文件指针错误指示器	无
close	int close(int fp);	关闭文件（非 ANSI 标准）	关闭成功返回 0，不成功返回-1
creat	int creat(char *filename, int mode);	以 mode 所指定的方式建立文件（非 ANSI 标准）	成功返回正数，否则返回-1
eof	int eof(int fp);	判断 fp 所指的文件是否结束	文件结束返回 1，否则返回 0
fclose	int fclose(FILE *fp);	关闭 fp 所指的文件，释放文件缓冲区	关闭成功返回 0，不成功返回非 0
feof	int feof(FILE *fp);	检查文件是否结束	文件结束返回非 0，否则返回 0
ferror	int ferror(FILE *fp);	测试 fp 所指的文件是否有错误	无错返回 0，否则返回非 0
fflush	int fflush(FILE *fp);	将 fp 所指的文件的全部控制信息和数据存盘	存盘正确返回 0，否则返回非 0
fgets	char *fgets(char *buf, int n, FILE *fp);	从 fp 所指的文件读取一个长度为 n-1 的字符串，存入起始地址为 buf 的空间	返回地址 buf。若遇文件结束或出错则返回 EOF
fgetc	int fgetc(FILE *fp);	从 fp 所指的文件中取得下一个字符	返回所得到的字符。出错返回 EOF
fopen	FILE *fopen(char *filename, char *mode);	以 mode 指定的方式打开名为 filename 的文件	成功，则返回一个文件指针，否则返回 0
fprintf	int fprintf(FILE *fp, char *format, args,…);	把 args 的值以 format 指定的格式输出到 fp 所指的文件中	实际输出的字符数

函数名	函数原型	功能	返回值
fputc	int fputc(char ch, FILE *fp);	将字符 ch 输出到 fp 所指的文件中	成功则返回该字符，出错返回 EOF
fputs	int fputs(char str, FILE *fp);	将 str 指定的字符串输出到 fp 所指的文件中	成功则返回 0，出错返回 EOF
fread	int fread(char *pt, unsignedsize, unsignedn, FILE *fp);	从 fp 所指定文件中读取长度为 size 的 n 个数据项，存到 pt 所指向的内存区	返回所读的数据项个数，若文件结束或出错返回 0
fscanf	int fscanf(FILE *fp, char *format, args,…);	从 fp 指定的文件中按给定的 format 格式将读入的数据送到 args 所指向的内存变量中（args 是指针）	以输入的数据个数
fseek	int fseek(FILE *fp, long offset, int base);	将 fp 指定的文件的位置指针移到 base 所指出的位置为基准、以 offset 为位移量的位置	返回当前位置，否则返回-1
ftell	long ftell(FILE *fp);	返回 fp 所指定的文件中的读写位置	返回文件中的读写位置，否则返回 0
fwrite	int fwrite(char *ptr, unsigned size, unsigned n, FILE *fp);	把 ptr 所指向的 n*size 个字节输出到 fp 所指向的文件中	写到 fp 文件中的数据项的个数
getc	int getc(FILE *fp);	从 fp 所指向的文件中的读出下一个字符	返回读出的字符，若文件出错或结束返回 EOF
getchar	int getchar();	从标准输入设备中读取下一个字符	返回字符，若文件出错或结束返回-1
gets	char *gets(char *str);	从标准输入设备中读取字符串存入 str 指向的数组	成功返回 str，否则返回 NULL
open	int open(char *filename, int mode);	以 mode 指定的方式打开已存在的名为 filename 的文件（非 ANSI 标准）	返回文件号(正数)，如打开失败返回-1
printf	int printf(char *format,args,…);	在 format 指定的字符串的控制下，将输出列表 args 的指输出到标准设备	输出字符的个数。若出错返回负数
prtc	int prtc(int ch, FILE *fp);	把一个字符 ch 输出到 fp 所值的文件中	输出字符 ch，若出错返回 EOF
putchar	int putchar(char ch);	把字符 ch 输出到 fp 标准输出设备	返回换行符，若失败返回 EOF
puts	int puts(char *str);	把 str 指向的字符串输出到标准输出设备，将"\0"转换为回车行	返回换行符，若失败返回 EOF
putw	int putw(int w, FILE *fp);	将一个整数 i（即一个字）写到 fp 所指的文件中（非 ANSI 标准）	返回读出的字符，若文件出错或结束返回 EOF
read	int read(int fd, char *buf, unsigned count);	从文件号 fp 所指定文件中读 count 个字节到由 buf 知识的缓冲区（非 ANSI 标准）	返回真正读出的字节个数，如文件结束返回 0，出错返回-1
remove	int remove(char *fname);	删除以 fname 为文件名的文件	成功返回 0，出错返回-1
rename	int remove(char *oname, char *nname);	把 oname 所指的文件名改为由 nname 所指的文件名	成功返回 0，出错返回-1
rewind	void rewind(FILE *fp);	将 fp 指定的文件指针置于文件头，并清除文件结束标志和错误标志	无
scanf	int scanf(char *format,args,…);	从标准输入设备按 format 指示的格式字符串规定的格式，输入数据给 args 所指示的单元。args 为指针	读入并赋给 args 数据个数。如文件结束返回 EOF，若出错返回 0
write	int write(int fd, char *buf, unsigned count);	从 buf 指示的缓冲区输出 count 个字符到 fd 所指的文件中（非 ANSI 标准）	返回实际写入的字节数，如出错返回-1

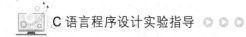

5）动态存储分配函数。在使用动态存储分配函数时，应该在源文件中使用预编译命令：

`#include <stdlib.h>`或`#include "stdlib.h"`

函数名	函数原型	功能	返回值
calloc	void *calloc(unsigned n, unsigned size);	分配 n 个数据项的内存连续空间，每个数据项的大小为 size	分配内存单元的起始地址。如不成功，返回 0
free	void free(void *p);	释放 p 所指内存区	无
malloc	void *malloc(unsigned size);	分配 size 字节的内存区	所分配的内存区地址，如内存不够，返回 0
realloc	void *realloc(void *p, unsigned size);	将 p 所指的以分配的内存区的大小改为 size。size 可以比原来分配的空间大或小	返回指向该内存区的指针。若重新分配失败，返回 NULL

6）其他函数。有些函数由于不便归入某一类，所以单独列出。使用这些函数时，应该在源文件中使用预编译命令：

`#include <stdlib.h>`或`#include "stdlib.h"`

函数名	函数原型	功能	返回值
abs	int abs(int num);	计算整数 num 的绝对值	返回计算结果
atof	double atof(char *str);	将 str 指向的字符串转换为一个 double 型的值	返回双精度计算结果
atoi	int atoi(char *str);	将 str 指向的字符串转换为一个 int 型的值	返回转换结果
atol	long atol(char *str);	将 str 指向的字符串转换为一个 long 型的值	返回转换结果
exit	void exit(int status);	中止程序运行。将 status 的值返回调用的过程	无
itoa	char *itoa(int n, char *str, int radix);	将整数 n 的值按照 radix 进制转换为等价的字符串，并将结果存入 str 指向的字符串中	返回一个指向 str 的指针
labs	long labs(long num);	计算 long 型整数 num 的绝对值	返回计算结果
ltoa	char *ltoa(long n, char *str, int radix);	将长整数 n 的值按照 radix 进制转换为等价的字符串，并将结果存入 str 指向的字符串	返回一个指向 str 的指针
rand	int rand();	产生 0 到 RAND_MAX 之间的伪随机数。RAND_MAX 在头文件中定义	返回一个伪随机（整）数
random	int random(int num);	产生 0 到 num 之间的随机数	返回一个随机（整）数
randomize	void randomize();	初始化随机函数，使用时包括头文件 time.h	

附录B ASCII编码表

ASCII 值	字符	控制字符	ASCII 值	字符	ASCII 值	字符	ASCII 值	字符
000	空	NUL	032	空格	064	@	096	`
001		SOH	033	!	065	A	097	a
002		STX	034	"	066	B	098	b
003		ETX	035	#	067	C	099	c
004		EOT	036	$	068	D	100	d
005		END	037	%	069	E	101	e
006		ACK	038	&	070	F	102	f
007	嘟声	BEL	039	'	071	G	103	g
008		BS	040	(	072	H	104	h
009		HT	041	)	073	I	105	i
010	换行	LF	042	*	074	J	106	j
011	起始	VT	043	+	075	K	107	k
012	换页	FF	044	,	076	L	108	l
013	回车	CR	045	–	077	M	109	m
014		SO	046	.	078	N	110	n
015		SI	047	/	079	O	111	o
016		DLE	048	0	080	P	112	p
017		DC1	049	1	081	Q	113	q
018		DC2	050	2	082	R	114	r
019		DC3	051	3	083	S	115	s
020		DC4	052	4	084	T	116	t
021		NAK	053	5	085	U	117	u
022		SYN	054	6	086	V	118	v
023		ETB	055	7	087	W	119	w
024		CAN	056	8	088	X	120	x
025		EM	057	9	089	Y	121	y
026		SUB	058	:	090	Z	122	z
027		ESC	059	;	091	[	123	
028		FS	060	<	092		124		
029		GS	061	=	093	]	125	
030		RS	062	>	094	^	126	~
031		US	063	?	095	_	127	

参 考 文 献

[1] 黄容，赵毅. C 语言程序设计[M]. 北京：清华大学出版社，2012.

[2] 王明衍. C 语言程序设计实验指导书[M]. 北京：科学出版社，2012.

[3] 谭浩强. C 程序设计[M]. 3 版. 北京：清华大学出版社，2005.

[4] 谭浩强. C 程序设计题解与上机指导[M]. 3 版. 北京：清华大学出版社，2014.

[5] Stephen G. Kochan. C 语言程序设计[M]. 4 版. 北京：电子工业出版社，2015.

[6] 何钦铭，颜晖. C 语言程序设计[M]. 北京：高等教育出版社，2015.

[7] 何钦铭，颜晖. C 语言程序设计实验与习题指导[M]. 北京：高等教育出版社，2015.

[8] 朱鸣华. C 语言程序设计教程[M]. 3 版. 聂雪军，译. 北京：机械工业出版社，2014.

[9] [美]汉利，[美]科夫曼. C 语言详解[M]. 6 版. 潘蓉，译. 北京：人民邮电出版社，2010.

[10] [美]克莱蒙. C 程序设计新思维[M]. 徐波，译. 北京：人民邮电出版社，2015.